U0266508

系统科学丛书

系统科学进展

郭　雷　主编

张纪峰　杨晓光　副主编

$\dfrac{1}{}$

科　学　出　版　社

北　京

内 容 简 介

本书是在中国科学院系统科学研究所每年举办的一系列系统科学学术讲座基础上遴选的精品报告扩充而成的系列丛书。作为这套丛书的首部著作，本书收集了包括钱学森、关肇直、周光召、John Holland 等著名科学家的重要文献。阅读本书，有助于读者学习系统科学的源头思想，理解系统科学的核心内涵，把握系统科学的发展方向，提升系统思维素养。这是一本值得收藏的系统科学经典之作。

本书适合系统科学、系统工程相关领域的科研人员、教师、研究生、本科生及系统科学、系统工程爱好者。

图书在版编目(CIP)数据

系统科学进展. 第 1 卷 / 郭雷主编. —北京：科学出版社，2017.4
（系统科学丛书）
ISBN 978-7-03-051914-6

I. ①系… Ⅱ. ①郭… Ⅲ. ①系统科学-科学进展 Ⅳ. ①N94

中国版本图书馆 CIP 数据核字(2017) 第 040178 号

责任编辑：王丽平 牛园园 / 责任校对：澎 涛
责任印制：吴兆东 / 封面设计：黄华斌

科 学 出 版 社 出版
北京东黄城根北街 16 号
邮政编码：100717
http://www.sciencep.com

北京虎彩文化传播有限公司 印刷
科学出版社发行 各地新华书店经销

*

2017 年 4 月第 一 版 开本：B5(720 × 1000)
2023 年 6 月第六次印刷 印张：12 1/2
字数：252 000
定价：78.00 元
（如有印装质量问题，我社负责调换）

序　言

诸侯分治，统一江山[①]

许国志[②]

20世纪 20 年代，美国贝尔电话公司成立了贝尔实验室。此实验室分为部件与系统两个部。40 年代末，人们把贝尔电话公司扩建电话网时引进和创造的一些概念、思路、方法的总体命名为"系统工程"。20 世纪中叶以来，许多学者常用系统来命名他们的研究对象，例如控制理论中的"计算机集成制造系统"，管理科学中的"管理信息系统"和"决策支持系统"等等。随着时代的前进，科技的发展，人们发现事物之间的相互作用变大了，许多问题不得不从总体上加以考虑，于是"系统科学"应运而生。美国一些大学出现了"工业经济系统系"（斯坦福大学）、"系统科学与数理科学系"（华盛顿大学）等等。

我常说"系统"有如数学中的集合，集合是数学中最基本的概念之一，但在讲到集合时并不需要给以严格的定义，人们同样会有正确的理解，系统亦复如是。但我们逐步给它一个定义。系统是由许多部件构成的一个总体，这些部件称为它的子

---

① 该文为许国志院士于 1999 年纪念中国科学院系统科学研究所成立 20 周年所作.

② 许国志（1919.4.20-2001.12.15），中国工程院院士，系统工程与运筹学专家. 江苏省扬州市人. 1943 年毕业于上海交通大学，1953 年获美国堪萨斯州大学博士学位. 生前为中国科学院系统科学研究所研究员. 曾任中国系统工程学会理事长，是中国系统工程的主要创建人之一. 曾负责起草我国第一个科技规划——"中国十二年科技规划"中有关运筹学发展的条目；筹建并领导了我国第一个运筹学研究室；组织开发第一批运筹学在运输、铁道运营和钢铁工业中的应用课题，写出了第一批有关运筹学的专著和文章；参与筹建了中国科学院系统科学研究所和国防科技大学系统工程与数学系；创建了中国系统工程学会及第一个系统工程的刊物——《系统工程的理论和实践》；倡导和促进了系统工程在我国的经济发展、国防建设、决策分析等方面的应用.

系统,子系统之间通过能流、物流和信息流来实现它们之间的关联,系统的功能通过子系统的组合而产生。"系统科学"研究系统的属性,如系统的能观、能控和能达性,系统的状态稳定性,系统的协同理论,系统的结构和重构等。"系统工程"是一大类工程技术的总称,它有别于经典的工程技术。它强调方法论,亦即一项工程由概念到实体的具体过程,包括规范的确立,方案的产生与优化、实现、运行和反馈。因而优化理论成为系统工程的主要内容之一,规划运行中的问题不少是离散性的,所以组合优化又显得至关重要。

科学的发展似乎由"诸侯分治"到"统一江山",再"开疆拓土",形成伟大的王朝。当欧几里德创建几何理论,阿拉伯人因通商发明了阿拉伯数字时,仅有诸侯,若干世纪后才出现了"数学"来统一江山,进而开疆拓土确立了伟大的数学王朝。运筹学的发展亦复如此。科学发展进程中,许多重要的现象常常首先以不同的形式出现于不同的学科。数学中的施米尔"马蹄"和力学中的"湍流"是混沌在不同学科的表现,建立统一的混沌理论则是一项艰巨的任务,而这正是科学的重要进程。

20世纪目睹了"系统科学"由诸侯分治逐渐进展到统一江山,21世纪将看到它开疆拓土,建立伟大的王朝!

前　言

系统科学是研究系统的结构、环境与功能关系，探索系统的演化与调控规律的科学。根据钱学森的观点，系统科学的体系结构包括系统论、系统学、系统技术科学与系统工程等四个层次。其中，系统论是系统科学的哲学层次，而系统学是系统科学的基础理论层次。毫无疑问，系统科学是一门综合性与交叉性很强的学科，旨在探索不同时空尺度上复杂系统的共性科学与技术问题，为深化人类对客观世界的认知，解决复杂的社会经济、国防安全、工程和信息技术等领域的实际问题提供理论和方法。

在钱学森等老一辈科学家的大力支持和推动下，系统科学在我国得到广泛重视，并形成了良好的学术基础和发展态势。近年来，系统科学研究得到迅猛发展，新方向、新成果、新方法、新思想不断涌现。作为我国系统科学的第一个国立研究机构，中科院系统科学研究所在新时期我国系统科学发展中应该担负更大责任。自2009年开始，系统科学研究所陆续组织开展了"系统科学论坛"、"关肇直系列讲座"、"系统科学系列报告"、"系统科学青年学者论坛"等系列学术交流活动，内容涉及系统科学的各个方向和层次，既有具体研究成果和研究方法的介绍，又有发展动态的综述和展望，可谓内容丰富、精彩纷呈。

我们拟以这些讲座为基础，从中遴选一批思想性、基础性、前瞻性强的演讲报告，邀请报告人整理成文；与此同时，邀请和整理一批系统科学研究和实践领域的代表性工作结集成册，编辑出版《系统科学丛书》，以展示系统科学领域的最新成果和发展动态，促进系统科学与相关交叉学科的交流，推动我国系统科学的发展。

作为《系统科学丛书》的肇始之作，我们重点选择了十篇在系统科学理论方法和应用方面的代表性工作，这其中既包括老一代著名科学家钱学森、关肇直、周光召、John Holland 等在系统科学不同方向上的思想之作，也包括我国资深系统科学家如于景元、顾基发、车宏安、陈锡康等在系统科学理论和方法及实践上的创新之作。我们期望本书能为国内外相关领域的科研人员和研究生深入理解系统科学思想、把握系统科学发展方向，提供重要的参考；同时也希望通过此书的介绍，会有更多的有志青年加入到系统科学的研究中。

在本书的编纂过程中，得到了系统科学很多同仁和科学出版社的支持和帮助，在此谨向付出艰辛劳动的全体编写人员、审稿人，以及为本书的编纂提供资料的各界人士表示衷心的感谢。特别地，系统科学研究所办公室牛园园同志在稿件的组织与审阅等方面进行了大量的联络与沟通，科学出版社的王丽平同志在本书的组织出版过程中给予了热情支持和积极帮助，有关编审人员对本书的文字编辑也做了认真细致的审核修订，在此一并致谢。

编　者

2016 年 1 月 30 日北京

目　录

　　钱学森：应用力学、工程控制论、系统工程科学家 1911 年 12 月 11 日生于上海，籍贯浙江杭州。1934 年毕业于交通大学。1939 年获美国加州理工学院航空与数学博士学位。1957 年被选聘为中国科学院学部委员（院士）。1994 年被选聘为中国工程院院士。中国人民解放军总装备部科技委高级顾问。中国力学学会、中国自动化学会、中国宇航学会、中国系统工程学会名誉理事长，中国科学院学部主席团名誉主席，中国科学技术协会名誉主席。曾任第七机械工业部副部长、国防科学技术委员会副主任、中国科学技术协会主席和全国政协副主席。在应用力学、工程控制论、系统工程等多领域取得出色研究成果，为中国航天事业的创建与发展作出了卓越贡献。1956 年获中国科学院自然科学奖一等奖，1986 年获国家科技进步奖特等奖，1991 年被授予"国家杰出贡献科学家"荣誉称号，1999 年被国家授予"两弹一星"功勋奖章。2009 年 10 月 31 日在北京逝世。

我对系统学认识的历程[①]

钱学森[②]

于景元同志今天要我讲讲为什么要研究系统学。我就按照他的要求,讲讲这个问题。

首先,什么是"系统学"?我想把"系统学"一词的英文译作 systematology。讲"系统学"也必然联系到"系统论",给"系统论"起一个英文名字,我想是不是可以叫 systematics。这里稍微有一点混乱,就是 systematics 在法语里的意思是"分类学"。当然在英语中这个"分类学"并不叫 systematics。关于"分类学"这个词,我问过生物学家,他们的习惯是用 taxonomy。所以,要以英文表达,假使把系统学叫做 systematology,那么,把"系统论"叫做 systematics 大概是可以的。

要讲这个问题,我必须先说一下人类的知识问题。我认为人类的知识包括两个部分。一部分是所谓的科学。而现在要说"科学"的话,应该把它认为是系统的、有结构的、组织起来互相关联的、互相汇通的这部分学问,我把它称为现代科学技术体系。但人类的知识还有许多放不到现代科学技术体系中去的,经验知识就属这种。一年多前,我说这个部分是不是可以叫做"前科学"——科学之前的东西。那也就是说,人认识客观世界,首先是通过实践形成一些经验,经验也总结了一些初步的规律,这些都是"前科学"。还要进一步地提炼、组织,真正纳入到现代科学技术体系里面去,那才是科学。所以知识有这两部分。当然这样一种关系是不断发展变化的。前科学慢慢地总结了、升华了,就进入到科学中去了。那么,前科学是不是少了呢?一点也不少。因为人的实践是不断发展的,所以又有新的前科学出现。因此人的整个知识就是这样一个不断发展变化的体系,也可叫系统吧。

这就说到科学技术,或者科学本身的体系问题。我对这个问题的认识,开始也是很零碎片面的。那时,我只知道自然科学技术,因为我原来是搞工程技术的。自然科学里好像有三个部分:直接改造客观世界的是工程技术;工程技术的理论像力学、电子学叫技术科学,就是许多工程技术都要用的,跟工程技术密切相关的一些

① 本文是钱学森 1986 年 1 月 7 日在系统学讨论班第一次活动时的讲话,最早在山西科学技术出版社于 2001 年 11 月出版的《创建系统学》一书中.

② 国防科工委.

科学理论；再往上升，那就是基础科学了，像物理、化学这些学科。这样一个三层次的结构也是在漫长的历史中逐渐形成的。在人类历史上，恐怕原先只有直接改造客观世界的工程技术，或者叫技术，并没有科学。科学是后来才出现的。那时候，科学与改造客观世界的工程技术的关系不是那么明确。科学，或者叫基础科学和工程技术发生关系，那还是在差不多一百年前的事。就是 19 世纪六七十年代到 20 世纪初才开始有技术科学，也就是这个中间层次。现在我们说，自然科学好像是这么三个层次：直接改造世界的就是工程技术，工程技术共用的各种理论是技术科学，然后再概括，成为认识客观世界的基本理论，也就是基础科学。

后来，我把这样的一个模式发展了，说它不只限于自然科学。自然科学是人从一定的角度认识客观世界，就是从物质运动这样一个角度。当然，人还可以从其它角度认识客观世界，那就属于其它科学了。有社会科学，这是一个很大的部门。再有，原来在自然科学里面的数学。数学实际上要处理的问题是很广泛的，不光限于自然科学，今天的社会科学也要用数学。所以，我觉得应该把数学分出来，作为一个新的科学技术部门。后来又有了新的发展，比如说联系到系统学、系统论，这就是系统科学，这是一个新的部门。还有思维科学和研究人的人体科学。到这个时候，我说科学技术体系有六大部门：自然科学、社会科学、数学科学、系统科学、思维科学和人体科学。后来看还不行，不是所有的人类有系统的知识都能纳入这六大部门。比如说，文艺理论怎么办？好像得给它一个单独的位置，后来又看到军事科学院的同志，我想军事科学向来是一个很重要的部门，应该是个单独的部门，所以又多了一个军事科学。那就从六个变成八个大部门了。这时候我感到，恐怕将来还有新的部门，所以，我就预先打招呼，说这个门不能关死，还可能有新的。果然到了去年年初，我又提出了行为科学。而行为科学好像搁到以前哪个部门里都不合适。行为科学是讲个体的人与社会的关系，既不是社会，也不是个体的人，所以又多了一个行为科学。到现在为止，我的看法是，科学技术体系从横向来划分，一共有九个部门：自然科学、社会科学、数学科学、系统科学、思维科学、人体科学、文艺理论、军事科学、行为科学①。而纵向的层次都是三个：直接改造客观世界的，是属于工程技术类型的东西，然后是工程技术共同的科学基础，技术科学，然后再上去，更基础更一般的就是基础科学。

这样的结构是不是就完善了？恐怕还不行。因为部门那么多，总还要概括吧！怎么概括起来？我们常常说，人类认识客观世界的最高概括是哲学，是马克思主义哲学。所以最高的概括应该是一个，就是马克思主义哲学。从每一个科学部门到马克思主义哲学，中间应该还有一个中介，我就把它叫做"桥梁"吧！每个部门有一

---

① 钱学森后来又在这个体系中增加了地理科学和建筑科学两个部门，共计十一个大部门.

个桥梁，自然科学到马克思主义哲学的桥梁是"自然辩证法"；社会科学到马克思主义哲学的桥梁是"历史唯物主义"；数学科学到马克思主义哲学的桥梁是"数学哲学"；思维科学到马克思主义哲学的桥梁是"认识论"；人体科学到马克思主义哲学的桥梁是"人天观"；文艺理论到马克思主义哲学的桥梁是"美学"；军事科学到马克思主义哲学的桥梁是"军事哲学"；至于说行为科学，这个桥梁是什么？应该说是人与社会相互作用的一些最基本的规律，可不可以叫马克思主义的"人学"？

刚才剩下来没有讲的就是系统科学了，现在我要单独讲一下。系统科学到马克思主义哲学的桥梁是"系统论"。就是刚才一开始讲的 systematics，而不是现在流行的什么"三论"。或者叫"老三论"，还有"新三论"等等。我认为这种说法是不科学的。系统科学根本的概念是系统，所以应该叫"系统论"。系统论里面当然包括所谓"老三论"里面的"控制"的概念，也包括"信息"的概念。这些都应该包括进去了。至于说"新三论"，那更怪了，实际上也是我们今天要说的系统学里面的东西，即什么"耗散结构"、"协同学"、"突变论"这些东西。其实，从科学发展的角度来看，并不是到"新三论"就截止了，不会再有更新的东西了。现在不是还有"混沌"，还有好多新东西吗？那么，到底有完没完呢？若按"三论"说发展下去，就成了老三论，新三论，新新三论，新新新三论……再下去只能把概念都搞乱了，所以系统科学到马克思主义哲学的桥梁，我认为是"系统论"。那么，系统科学直接改造客观世界的工程技术就是系统工程了。现在看来恐怕还有自动控制技术，这些都是属于系统科学的工程技术，而系统科学里的技术科学，我开始认为是运筹学，后来看还要扩充一下，扩充到像控制论、信息论。实际上，真正的控制论、信息论就是技术科学性质的。系统科学的基础科学是尚待建立的一门学问，那就是系统学。一会儿，我要仔细地讲这个问题。这样，系统科学的工程技术就是系统工程、自动控制等；技术科学层次的是运筹学、控制论、信息论；将要建立的基础科学是系统学，系统科学到马克思主义哲学的桥梁就是系统论。系统科学就是这样一个体系。

最近，我看到哲学家们在讲哲学的对象，或者说马克思主义哲学的对象问题，搞得挺热闹的。在哲学家里面我认识的一个，就是吉林大学哲学系的教授高清海，高清海教授在去年的《哲学研究》第八期上有一篇文章，就是讨论哲学的对象问题。这篇文章我觉得挺好的。后来我给高教授写了一封信，说：一方面你写了一篇好文章，但另一方面，我也觉得，你讨论的这个问题是不是早就解决了？我说的这个科学技术体系，九大部门，九架桥梁，然后到马克思主义哲学。这就说明了马克思主义哲学与全部自然科学、社会科学、数学科学、系统科学、思维科学、人体科学、文艺理论、军事科学、行为科学这九大部门的关系。如果这个关系明确了，那么哲学是研究什么对象的，那不是一目了然了吗？也就是我常常讲的：马克思主义哲学必然要指导科学技术研究，而科学技术的发展也必然会发展、深化马克思主义哲学。因为马克思主义哲学不是死的，它一方面指导我们的科学技术工作，另一方面科学技术工作实践总结出来的理论，必然会影响到马克思主义哲学的发展与深化。我这个想法也许有点怪，哲学家们一下子还接受不了。高清海教授已经好几个月还没有复我的信呢！最近，我又找了一位教授，北京大学的黄楠森，又给他提这个问题。我说，我给高清海写信了，他没有复我，我现在又向你请教。你看怎么样？刚写的信还没有回呢！同志们，学问是一个整体的东西，实际上不能分割。我们谈一部分，也必然影响到其它部分，恐怕这就是系统的概念吧！这就说明，所谓的系统学是一门什么学问。在我的概念里，它是一门系统科学的基础科学。我们讲基础科学就是技术科学更进一步深化的理论。我必须说，这样一个认识，我也不是一朝一夕就得到的，中间有一个很长的过程。

第二点，讲一讲我对系统学的认识过程。这个过程也粗略地在纪念关肇直同志的会议上讲过，今天再讲得仔细一点吧！

我必须说，在 1978 年以前，对于什么系统、系统科学、系统工程，什么运筹学这些东西，我也是糊里糊涂的，并不清楚，仅仅是感到有那么一些事要干。所以那时候在七机部五院宣传这个事，但是没有一个条理，1978 年以前就是这么一个状态。开始稍微有些条理是在 1978 年 9 月 27 日，在《文汇报》上我和许国志、王寿云合写了一篇东西。这篇东西的基础，今天向同志们交心，那并不是我的，而是许国志同志的。因为在那年，可能是 7 月份，也许更早一点，5 月份，许国志给我写了一封信。他说，什么系统分析、系统工程，又是运筹学，还有什么管理科学，在国外弄得乱七八糟，分不清它们的关系是什么。他建议把那个直接改造客观世界的技术系统叫系统工程，有各种各类的系统工程。比如，复杂的工程技术的设计体系，今天在座的很多人所熟悉的总体部的事就叫系统工程。至于说企业的管理就是属于管理系统工程等等，有很多这种系统工程。然后他说各种系统工程都有一个共同需要的理论，他那个时候说，这个理论是运筹学。运筹学就是一些数学方法，是为系统工程具体解决问题所需要的。这就是当时在国外弄得很乱的一种情况。比如说，二次大战中先有 operations analysis，后又变成 operations research。把这些东西用到工业管理方面，就变成 management science。然后还有专门分析系统间、系统内部的关系的，叫做 systems analysis。我觉得 systems analysis 好像就是应用的。但是不然，名词很怪。在维也纳还有一个单位叫 IIASA。IIASA 就更怪了，叫 International Institute for Applied Systems Analysis。Systems analysis 本来就是 applied，怎么还有 applied systems analysis？所以，外国人也是不讲什么系统的，说到哪儿是哪儿。谁举一面旗帜，他就在那里举起来，可以举一阵子。所以在 1978 年 9 月 27 日《文汇报》上的文章中，我们试图把这些东西搞清楚，把直接改造客观世界的一些工程技术，叫各种各类的系统工程。这些系统工程共用的一些理论或者叫技术科学，就是运筹学。我在 1978 年秋天的认识就停留在这里。归纳起来是两点，一个是我们那时考虑的系统，还只限于人为的系统。自然界的系统，我们没有考虑进去。二是这些人为的系统里，并没有考虑到自动控制，所以对控制论到底如何处理，也没有讲清楚。根据这两点，今天看来，当时我们对于系统的认识是有局限性的。

第三点，大概过了一年，在 1979 年 10 月份，在北京召开了系统工程学术讨论会。那次讨论会是很隆重的，许多领导同志都去了，给系统工程的工作以很大的推动。在那个讨论会上，我个人才把系统的概念扩大到自然界。也就是在那个时候，才提出系统这样一个思想是有哲学来由的，并追溯到差不多一个世纪以前，恩格斯在总结了 19 世纪科学发展的时候讲的一些话，他说："客观的过程是一个相互作用的过程"。这就是说，过了一年，我的眼界才有所扩大。也就是在那个会上，我的发言就把系统科学的体系问题提出来了，但这个体系是缺腿的。就是说，那时候认识的这个体系只有一个直接改造客观世界的工程技术——系统工程，再加上这些系统工程所需要的共性的理论 —— 技术科学，就是运筹学。但那时也稍微有点变化，就是把控制论引进来了。但什么是基础科学？不清楚！当时我的说法是 "建立系统科学的基础科学"。但不知道这个基础科学叫什么。那次也模模糊糊地引了《光明日报》1978 年 7 月 21、22、23 日沈恒炎同志的一篇长文，他的文章用了一个词，就是 "系统学"。我也引了这个词，但是没敢肯定这个系统学就是系统科学的基础科学。那时候有点瞎猜。说系统科学的基础科学是不是理论控制论呢？胡猜罢了。所以在 1979 年的秋天到冬天，我们仅仅是把系统的概念扩大了，包括到自然界了，并把系统这个思想的哲学根源追溯到马克思主义哲学。其它的问题就不清楚了。只感到有一个必要，有一个空档，就是系统科学的基础科学。但是什么东西？没有很清楚的概念。

在这里，我必须加一段涉及生物学方面的内容。因为到这个时候我开始感到，生物学方面的一些成果要加以研究。比如一些书讲 "生物控制论"；也看到一些书，叫做 "仿生学"。那时候感到，"生物控制论"、"仿生学" 这些工作，有点把事物太简化了。比如说："生物控制论" 里面讲人的血液流通，那个模型太简单了。"仿生学" 更是有点急于求成。大概是想搞点东西出来吧，就把自然的系统简化得太过分了。那时候对于生命现象的研究，据我所看到的这些材料，如所谓 "生物控制论"、"仿生学" 这方面的工作，老实讲，我是不满意的，觉得太简化了，事实不可能那么简单。

又过了一年，进入第四个阶段了。就是到了 1980 年的秋天，这时候我又一次得到许国志同志的帮助，是他寄给我 R· 罗申 (Rosen) 在 *International Journal of General Systems* 1979 年第 5 卷的一篇文章。罗申这篇文章是纪念冯·贝塔朗菲 (von Bertalanffy) 的。此文才使我眼界大开，原来在生物学界早有人在探讨大系统的问题。后来一看，还不只是生物学界，物理学界也早有人在探讨。那么从这儿才给了我一条出路。我闷在那儿没办法的时候，看了这篇文章，并根据它的引注又看了一些文章，才知道冯·贝塔朗菲的工作，有 I·普利高津 (Prigogine) 的工作，有 H·哈肯 (Haken) 的工作，这些都使我眼界大开。贝塔朗菲当然很有贡献了，他是奥地利人，本来是生物学家，他感到生物学的研究从整体到器官，器官到细胞，细胞到细胞核、细胞膜，一直下去到 DNA，还要往里钻，越钻越细。他觉得这样钻下去，越钻越不知道生物整体是怎么回事了。所以他认为还原论这条路一直走下去不行，还要讲系统、讲整体，这可以说是贝塔朗菲的一个很大的贡献。对我们在科学研究中从文艺复兴以来所走的那条路提出了疑问。当然，对于这个问题，恩格斯在一百年前已经提出来过，就是"过程的集合体"这个概念。而且恩格斯很清楚地提出来：科学要进步，也不得不走还原论的这条路。你不分析也不行，不分析你不可能有深刻的认识；当然这时候，恩格斯也指出，只靠分析也不行，还要考虑到事物之间相互的关系。在科学家中，也许冯·贝塔朗菲是第一个认识到这个问题的，后来才有了普利高津、哈肯，他们更年轻了。所以，许志国给我送来这篇文章，使我在认识上大开眼界，才知道生物学里早就提出了所谓"自组织"的概念，在物理学中有"有序化"的概念。正在这时候，又看到 M·艾根 (Eigen) 的工作，他是一位德国科学家，又把这个发展了，应用于生物的进化，提出 hypercycle，即超循环理论，把达尔文的进化论定量化了。这时大概已经到了 1980 年的秋天或冬天了。我又得到贝时璋教授的帮助。他给了我更多的资料，使我眼界大开。所以，一个是许国志同志，一个是贝时璋教授，才使我有了这样一点认识。后来在 1980 年中期的中国系统工程学会成立大会上，我才明确地提出系统科学的三个层次，一个桥梁的体系。而这个时候，我也把自动控制、信息工程纳入到直接改造客观世界的系统科学体系里，也就是系统工程里面；技术科学也就是包括了运筹学、控制论、信息论，还有大系统理论。而基础科学当然应该叫做"系统学"。"系统学"是什么？没有很多素材，而是要概括地综合冯·贝塔朗菲的一般系统论，H·哈肯的协同学和 I·普利高津的耗散结构理论等等。也就是要把各门科学当中一切有关系统的理论综合起来，成为一门基础理论 —— 系统学，这就是系统科学的基础科学。我是到 1980 年年底达到这一步的。感谢很多同志的帮助，才使我有这一步的认识。

然后，到了 1981 年，是第五步了。1981 年我参加了生物物理学家跟物理学家们组织的叫"自组织，有序化的讨论会"，这我又要感谢北京师范大学的方福康教授，今天他在座。他给我带来了西欧关于这方面最新的情况，可我那时还闷在鼓里呢！因为我看的书是普利高津的，是讲远离平衡态的统计学，顶多是看到他关于耗散结构的一些理论。当然，我也知道，贝塔朗菲就更差一点了，他还在原理性的理论上，就是他的所谓一般系统论。这时候，我也看到哈肯的协同学。我对协同学非常欣赏，在我的脑筋里认为贝塔朗菲和普利高津他们讲的那一套东西，打个比方说，有点像热力学。我在大学里听老师讲热力学，讲温度。这个温度还好办，人还有些感觉嘛。最糟糕的就是熵，熵是什么？简直是莫名其妙。老师也讲不清楚，只有一句话，你若不信，请你按我这个办法算，算出来准对。当时我就是那样硬吞下去的，心里还是觉得疑惑。其实，温度也不好说，你说一个分子，它的温度叫什么。当时就这么糊里糊涂的，反正老师怎么说，我就怎么算，也可以考 90 分。后来出国了，念研究生，开始学统计物理，统计物理可以得出熵的概念。嗬，原来熵是这么回事。按照统计物理，熵是什么，那很清楚。熵，就是玻尔兹曼（Boltzmann）常数乘上概率的自然对数。这一下，我才眼界大开，世界的道理原来是这么回事！这就是我在大学三年级学热力学时感到莫名其妙的概念，这时候才知道"妙"在什么地方。所以脑筋里一直深深地印着这个统计物理大权威玻尔兹曼。在维也纳玻尔兹曼的墓碑上刻着一个公式，就是刚才说的熵的公式。我在刚才说的 1981 年初的那个大会上，因为那天下午还有别的事，我要求主持会议的贝老，是不是让我先讲，讲完了我好走。贝老说可以。我就讲了这么一套。大意是冯·贝塔朗菲和普利高津不怎么样，真正行的是哈肯。讲完以后，贝老给我介绍说，坐在旁边是方福康教授，他刚从普利高津那里回来，得了博士学位。我一想坏了，这下子骂到他老师头上了，这还得了，得罪人了。其实方福康同志跟我说，你说的这些话，普利高津都很同意，他也认为从前他做的那些不够了。他们，就是普利高津、哈肯，还有刚才说的艾根，现在经常在一起讨论问题，他们的意见也是一致的。我心上的石头才掉下来，也非常高兴。因为客观的东西，真正研究科学的人去认识它，尽管可以有不同的方向、不同的途径，但最后都要走到一起去，因为真理只有一个，我觉得我们做学问应该有这么一个认识。尽管中间经过曲折的道路，也许犯错误，只要我们实事求是，坚持科学态度，真理是跑不掉的，最后总要被我们所掌握，不同的意见终归要统一起来。

这一段还有一个认识的进展，就是生物学界的这些发展，使我开始认识到系统的结构不是固定的。系统的结构是受环境的影响在改变的，特别是复杂系统。复杂系统的结构不是一成不变的。那么，系统的功能也在改变。我开始认识到这一点的是大系统、巨系统跟简单系统的一个根本的区别，即简单系统大概没有这样的情况，原来是怎么一个结构就是怎么一个结构。这就说到 1981 年初。

大概到 1982 年初，我又学一点东西，知道数学家们在研究微分动力体系。北京大学的廖山涛教授就是这方面的行家，他还有一个研究集体，一直在搞微分动力体系。研究微分动力体系实际上就是研究系统的动态变化，所以微分动力体系又是系统学的一个素材了。到 1982 年的初夏，在北京开过一个名字很长的会议，叫"北京系统论、信息论、控制论中的科学方法与哲学问题讨论会"，这是清华大学与西安交通大学、大连工学院① 、华中工学院② 四个学校组织起来，共同召开的。在这个会上，我把自己直到 1982 年初的认识在那儿总结了一下。

在这以后，又有 1983、1984、1985 三年的时间，这就讲到第七点，第七步了，觉得又有一些新的东西要引进系统学的研究。什么新东西呢？很大的一个问题就是奇异吸引子与混沌，即 strange attractor, chaos, 这些理论好像要从有序又变成无序，所以是一个很大的问题，另外，用电子计算机来直接模拟自组织、怎么组织起来的，这是第二点。第三点，叫 fractional geometry, 就是非整几何，非整维的几何，这就是法国数学家 B. B. 曼德布罗 (Mandelbrot) 的工作。第四点，可以说我孤陋寡闻了，在这个时候才知道，早有一个理论，是关于非线性的动力系统理论。在3 维以上的非线性动力系统会出现混沌现象，这就是所谓的 KAM 理论，它是三个人名的缩写，这三个人就是 Kolmogorov, Arnold, Moser。也就是非线性 3 维以上的体系很容易出现混沌。第五点，既然这样，于是乎，有一个叫罗伯特·肖 (Robert Shaw) 的人，他说："混沌是信息源。"总之，有这几点吧，就是奇异吸引子，混沌，还有电子计算机模拟自组织，曼德布罗的非整几何，KAM 理论，还有所谓"混沌是信息源"等等。所有这一切说明，今天在国外这些领域是一个热门，大热门！最近我看到国外有人说"非线性动力体系理论在今天对理论工作者的吸引力，就像一二十年前这些理论工作者被吸引到量子力学一样"。就是说，新一代的理论工作者不去搞量子力学了，那是老皇历，没什么可搞的了，要搞这个非线性动力体系。在座的知道这个消息吗？昨天我碰到一位科学家，我说外国人有这么一个说法，他说不知道。我说，你有点落后于时代了。所以这方面的工作看起来确实关系重大。之所以给同志们如实汇报我从 1978 年以前到现在走过的这条认识道路，结论是什么呢？结论就是，创立系统科学的基础理论 —— 系统学已经是时代给我们的任务。你不把这门学问搞清楚，把它建立起来，你就没有一个深刻的基础认识。我们要把系统这个概念应用到实际工作中去，这方面的应用很多很多，在座的都知道，不用我来讲。那么，在这些应用中，你只能看到眼睛鼻子前面一点点。要看得远，一定要有理论。这个问题我是越想越重要。下面我说点实际问题吧！

我们现在搞改革。对于改革，我们的预见性有限。所以常说"摸着石头过河"，

① 现大连理工大学.
② 现华中科技大学.

走一步，看一步。为什么会这样呢？因为我们的预见性很差。我曾经说笑话，我们放人造卫星，如果也是走一步，看一步，那早打飞了，不知飞到哪里去了，没有理论还行啊?! 但是现在要建设社会主义，要在建国 100 周年的时候，即 2049 年使我们的国家达到世界先进水平，这是一段好长好长的路，而且没有多少年了。多少年? 65 年! 65 年你要走完这条路，你老在"摸着石头过河"，那可不行。我们不能再犯错误，或者尽量地少犯大错误，不要犯大错误。那我们必须有预见性，这预见性来自于什么? 来自于科学! 这个科学是什么? 就是系统科学! 这个科学就是系统科学的基础理论 —— 系统学。所以我觉得这是一个非常重要的问题。

我再讲一点，就是何以见得有用? 在座的同志都是从事这项工作的，你们都可以讲嘛! 我讲一点自己的体会。实际上在一开始，已经讲了我把系统科学用到现代科学技术体系里面，已经用了。我用的效果如何呢? 就是刚才向哲学家们提的那个问题。我说你们说了半天的哲学对象，我已经解决了嘛! 这是不是很有用呢? 我觉得是很有用的。再一个，我在国防科工委常常说的，人跟物，或者叫人跟武器装备的关系，现在用一个学术性的名词，叫人-机-环境系统工程。再一个就联系到中医理论。我的看法是，中医是祖国几千年文化实践的珍宝，可是它又不是现代意义上的科学理论。到底中医的长处在什么地方? 这就联系到贝塔朗菲对现代生物学的批判。现代西方医学的缺点在于，它从还原论的看法多，从整体的看法少。现在西方医学也认为这是它们的缺点，所以对中医理论讲整体，很感兴趣。刚才讲的人-机-环境系统工程，中医理论与现代医学要再向前走一步，这些都是人体科学里面的问题，而这方面的问题也必须靠系统科学，系统学。再一点，关于思维，人的思维。人的思维是脑的一个功能，但是人脑是非常复杂的，人脑是一个巨系统，要理解人脑的功能，人是怎么思维的。从宏观去理解，那你必须要有系统学。所以刚才我随便举了几个个人的体会。这些工作重要不重要啊? 当然是很重要的! 而这些方面的工作要真正在理论上有个基础，都要靠系统学。所以我在这儿如果讲一句冒失的话，我觉得系统学的建立，实际上是一次科学革命，它的重要性绝不亚于相对论或者量子力学。我这样认识，对于我们的社会主义建设，刚才提的建国 100 周年等等这些问题，它的重要性更是很明显。所以我觉得，建立系统学的问题是我们当前的一个重要任务。

最后必须说明，我也不是所有的问题都清楚了，没有那样的事。现在我还有很多东西没搞清楚。刚才说了混沌，好像是从有序变成无序，那到底是不是这样的? 无序变成有序，在一定的情况下，这个有序又可以变成无序，是不是这样? 我搞不清楚。罗伯特·肖说的"混沌是信息源"这个提法，我吃不下去，这个结论我没法理解。因为我以前搞过流体力学，流体力学就有一个混沌问题，湍流就是混沌。我要试问罗伯特·肖，你说湍流到底给出什么信息来了？你说是信息源，那湍流是什么信息源？恐怕他也答不上来。还有混沌的一个最简单的例子，就是差分方程 $X_{n+1} = KX_n(1 + X_n)$，假设 K 达到了一个临界值，差分方程一个序列的 X_n 就要出现混沌，这是个很具体的问题。你说这个混沌到底给出了什么信息？恐怕不好回答。看来罗伯特·肖做的好像是这样一种工作：就是假设信息量的含义是像香农(Shannon)做的统计的含义，那么，他具体去算一个出现混沌的系统，可以算出来信息量在增加，那无非是一个公式。我认为要是停留在这一点上，那是数学游戏，没有解决什么问题。你仅仅说根据香农关于信息量的定义把它算到哪一个混沌现象，得出来，这个现象在产生所谓信息，仅此而已。若"请问先生，这个信息是什么？"他也说不上来。所以我觉得信息这个概念现在要好好地研究。我是不怪香农的。香农是一个很有成就的科学家，他也没有说他来解决什么信息产生的问题，香农当时搞这个理论，就是为了解决一个通讯道的问题，他用一个方法可以计算通讯道里面信息的流量。至于流过去的是什么信息，他从来没考虑。你把他的这个理论无边无际地应用到现在所谓的信息论，我看这是后人有点瞎胡闹，那个罗伯特·肖尤其是瞎胡闹，是数学游戏。所以说"混沌是信息源"，现在不能说服我，我搞不清楚是怎么回事。而联系到此，我觉得是信息这个概念问题。虽然我们将来在系统学里也要考虑信息，但信息到底是什么，谁也不清楚。当然，就连鼎鼎大名的 N·维纳(Wiener)也说过不负责任的话，他说什么是信息，信息不是物质，也不是精神。到底是什么？这个大教授怎么能随便说话呢？我认为它总是一种物质的运动。但是它又是一个发生点，发生者，也有一个接收者，中间有个信息通道。那么，从发生者和接收者来看，它是有含义的，有信息含义。那么他就把这个信息通道里面的物质运动解释为一种信息。很重要的就是有送信的和接信的，他们要有个默契。没有这个默契，就没有信息。古人不是说过"对牛弹琴"吗？你这个琴弹得再美妙，岂不知牛不能欣赏你这个高山流水的高尚音乐吗？总之，就是这个信息通道的问题。牛和这个弹琴的人没有信息通道，所以琴音并不能使牛产生美感。所有这些问题我都没有搞清楚。还有非线性过程，再联系到非整几何，许多问题。比如说鞅，什么半鞅，上鞅这些问题，我也搞不清楚。再有今天在座的郑应平同志，他是想把博弈论引入到系统理论，我看需要引入，但到底怎么个引入法？我也还搞不清楚。总而言之吧，还有很多问题我都没有搞清楚。也许在座的同志已经清楚了，我要向大家学习。

今天的讲话，我是和盘托出，无非说我这个人是很笨的。我认识一点东西是很曲折的，我就是这么认识过来的。我相信同志们大概比我聪明，认识得比我快。那么系统学的建立就是大有希望，我向同志们学习。

　　John Holland（1929.2.2—2015.8.9），生前为密歇根大学的心理学系教授、电机工程和计算机科学系教授。他一生从事适应性研究，早年提出了著名的遗传算法，被誉为"遗传算法之父"，后来提出"复杂自适应系统"理论，产生广泛影响。他是美国圣菲研究所的创始人之一，复杂性科学领域的先驱者和杰出代表人物之一。曾获得美国"麦克阿瑟天才奖"、IEEE Nerual Network Society 颁发的先锋奖、进化程序学会颁发的终身成就奖、计算机科学世界大会颁发的终身成就奖等。他出版了六本专著，其中三本《自然与人工系统的适应性》《隐次序》和《涌现》已经翻译成中文版出版。生前曾不下七次访问中国。

John Holland

复杂自适应系统研究

复杂自适应系统研究[①]

John Holland

摘要: 复杂自适应系统 (CAS) —— 由很多通过相互作用而相互适应和学习的组成部分构成的系统, 它是很多当代重要问题的核心。针对 CAS 的研究存在着独特的挑战: 一些最强有力的数学工具, 特别是不动点、吸引子等类似方法, 对理解 CAS 的发展演化只能提供很有限的帮助。本文建议改进研究方法和工具, 特别强调用基于计算机的模型去加深我们对 CAS 的理解。

关键词: 基于自主体的系统, 分类器系统, 复杂自适应系统, 基于计算机的模型, 信誉分配, 遗传算法, 并行性, 规则发现, 信号传递, 标签。

当代很多困难问题的核心就是复杂自适应系统 (CAS) 问题。CAS 指包含大量被称为自主体 (agent) 的组成单元所构成的系统, 它们之间相互作用、适应和学习。下面列出的一些问题展示了 CAS 的普遍程度:

- 动态演化经济系统内的创新激励;
- 对人类可持续发展的支持;
- 预测全球贸易中的变化;
- 对市场的深入理解;
- 为生态系统提供保护;
- 控制互联网 (例如控制病毒和垃圾邮件);
- 增强免疫系统。

尽管在细节上有本质不同, 各种 CAS 都具有如下四大共同特征:

(1) 并行性。CAS 包含大量的通过发送和接收信号相互作用的自主体。进一步, 自主体同时互动, 产生了大量的并发信号。

例如生物细胞使用蛋白质作为信号。这些蛋白质操控反射级联和回路, 为其它级联和回路提供正反馈和负反馈。这些蛋白质的相互作用必须紧密协调以使得细胞能持续正常工作。

---

① 本文 (英文) 发表于 *Journal of Systems Science and Complexity* 2006 年第 19 卷第 1 期. 译者是中国科学院数学与系统科学研究院韩靖副研究员.

(2) 基于条件的行动。CAS 中自主体的行动通常取决于它们收到的信号。这就是说，自主体有一个 IF/THEN 结构：IF [信号向量 x 出现] THEN [执行行动 y]。这个行动本身可能是一个有可能导致形成非常复杂反馈的信号，或者是自主体在环境中的一个行动。

这个信号 — 处理规则组成的连锁序列成为可以并行运行的程序，具有灵活性和广度。

(3) 模块性。在一个自主体中，一组规则通常组合在一起行动形成 "子程序"。例如，自主体通过执行一系列的规则能够对目前的情形作出反应。这些 "子程序" 形成了积木模块，它们组合起来能够应对新情况，而不是分别用不同的规则来应对所有不同的情况。因为潜在有用的积木会经常被测试，所以对更大范围的情形，他们的有效性是会被快速证实或者排除的。

例如在生物细胞内，三羧酸（Krebs）循环是由 8 个相互作用的蛋白质形成的一个反应环。这个三羧酸循环是所有氧生物体（从细胞到大象）的一个基本组成部分。

(4) 适应和演化。CAS 里的自主体会随着时间而改变。这个改变通常就是适应，从而改进性能，而不是随机的变化。适应性要求解决两个问题：信用分配和规则发现。

信用分配问题的产生是由于有关性能的公开信息（报酬，回报等类似概念）通常是非常规的和局部的。这就是说，一个自主体的性能是时空上错综交杂的相互作用的结果。能因信息可以明确地指出哪个 "状态配置" 能取得最终的性能改善的情况是少见的。

策略类博弈，例如围棋或者象棋，提供了一个有用的隐喻。在一长串行动后，博弈者会获知自己是 "赢" 还是 "输"，或者是输赢的大小。但是他在整个博弈行动序列中很难得知哪个 "状态配置" 的行动是对结局至关重要的。那么，问题来了：如何判断哪些状态走步会对将来的博弈有借鉴作用呢？类似的，对于一个生物细胞来说，繁衍作为一种 "回报"，是通过成百上千的蛋白质日日夜夜信号传递相互作用的结果。

规则发现这个问题产生于一些自主体的规则是明显无效或有害的情况下。此时用随机生成的新规则来代替这些无效的规则是行不通的，这类似于在计算机程序中随机插入的一些程序语句。而我们的目的是产生基于自主体经验的合理的新规则。

在解决规则发现这个问题中，还有一个有助于降低问题难度的特性。尽管 CAS 具有永恒的新奇性，它也有类似于棋类游戏中的那些不断重复的子模式。在国际象棋中，这些子模式有"击双"、"牵制"、"开局"等。在 CAS 中这些子模式构成积木可以被重复搭建利用。换句话说，产生合理规则的关键是在已经成功使用的好规则中发现积木模块。这是一个重要的问题，将在文章后面部分讨论。

1. 什么是研究 CAS 的技术？

研究 CAS 的第一步，是挖掘几个相关的常用研究方法的共性：

控制论	经济学	生物细胞	博弈
过程变量	经济活动	表现型特征	棋局
操作代价	活动代价	新陈代谢代价	棋局评估
目标函数	收益	适应性	回报
控制律	规划	相互作用网络	策略

第一行是系统状态的形式化刻画，第二行是系统中每种行动的代价费用，第三行是对预先设定的目标给出数值，而最后一行是引导系统达到目标的技术手段。

这些相似性立刻展示了运用学科交叉的方法来研究 CAS 的价值。每个形式化系统概念都是多年深入研究的结果，并且各项都具备长处和短处。比较这些不同形式系统的相关部分，我们可以找到与 CAS 研究相关的部分，从而能从对系统的研究历史中获得经验，避免重蹈覆辙。

所有这些形式化刻画的共同特点是对微分方程的依赖，特别是偏微分方程。然而，偏微分方程对于 CAS 的研究具有局限性。自主体的条件性（IF/THEN）行为意味着一个自主体的行为并不能用偏微分方程的简单线性近似来刻画，而这种线性化近似是偏微分方程的强有力方法。用偏微分方程去刻画 IF/THEN 行为就像是试图用偏微分方程来刻画电脑程序。

因为自主体的规则是不断变化的，这就导致了研究困难的加剧。自主体很少达到均衡态，因为基于条件的规则组合、常规创新和永恒的新奇性会破坏吸引子的形成。最优的和稳定的状态最多是在一个特定情景下短暂存在。另外，自主体能像天气预报中的常规更新那样持续地修改和更新它们的信息，因此混沌效应只会偶尔影响系统。

简单地说，偏微分方程这个最强大的理论工具只和 CAS 的一小部分内容相关。类似的，标准的统计分析例如回归和贝叶斯网络也是这个情况。传统的还原论方法（研究每部分，然后把每部分的行为加起来还原整个系统的行为）并不能有效地解决问题。我们必须要研究每部分之间的相互作用。

　　基于这种考虑，我们转而应用其它的技术来为 CAS 建模：探索性的计算机模型。探索性的计算机模型和传统的物理思想实验有很多共性，其中之一是它们都要选择一些有趣的机制，仔细配置运行条件，然后探索由这些机制相互作用所产生的结果。这些配置通常不能在实验室实现，只能在头脑中实现。

　　可编程计算机极大地提高了这些思想实验的实现可能性。使用一台计算机，这些探索模型就可以被严格描述，并可以不受思考偏见影响而运行。值得指出的是，在过去，可执行计算机模型的定义和执行甚至比数学证明更严格。在数学证明中，我们用约定的简化表达式和快捷方式，从而不需要把每步推理都写出来。否则的话，即使是最简单的证明都会变得无法忍受的长 [1]。然而，计算机程序中的每一步必须被明确地指定，否则程序不能如愿运行。当然，可执行计算机模型通常会定义一些特殊的情形，这样它可以在数学证明和实验室实验中走中间路线。

　　作为思想实验，探索性的计算机可执行模型定义了可能性，而不是现实。它们帮助我们建立对这些定义在程序中的机制及其相互作用的直觉。这是研究 CAS 的至关重要的一点，因为基于条件的相互作用是 CAS 中非常重要的部分。即使简单的机制和简单的相互作用也会产生复杂行为。让我们再次考虑国际象棋和围棋：游戏规则定义了对应的机制，即使规则的数量少于一打（12 个），也能产生一个具有永恒新奇性的系统。尽管已经探索了几百年了，我们仍然在这些博弈游戏中不断地发现新模式和策略。对一个 CAS 来说，定义一个自主体行为的规则与博弈中的规则无异。

2. 自主体定义

　　为了形式化地研究 CAS，我们必须提供一个精确定义自主体及其相互作用的方式。在这个模型中，每个自主体有一组条件性（IF/THEN）的信号 —— 传输规则。其中的 IF 部分是定义规则中寻求的某种信号，如果这些信号出现了，THEN 部分定义的信号就被传输出去。

　　更具体一点，IF 部分由一组条件组成，每个条件是定义了一类信号。如果条件中任何一个被定义的信号出现，这个条件就被满足。如果一个规则中的所有的条件都被满足，那么这个规则就被满足。因为有可能很多规则被同时满足，所以它们必须竞争以使得自己的 THEN 部分定义的信号能被发送出去。更进一步，不只一个规则会赢得这个竞赛，所以有多个规则会同时发送信号。系统内部具有冲突的规则并不是一种危害，因为额外的被激发的规则只是简单地发送额外的信号。这个"并行性"是一个重要的特性：一个自主体能通过一组规则的组合来构建自己的行动，而不是对每一个情形都要一个单独特定的规则来指定行动。这种信号传输系统的形式化描述被称为分类器系统（classifier system，简称 cfs）[2]。

发出去的信号被存储在一个信号列表里。形式上，这个信号列表是自主体的内部状态。一个自主体的行为策略完全由它的规则集决定，它在任意时刻的行动由它的信号列表里的信号决定。一个信号储存在信号列表中的时间是一个时间步。想要这个信号保持在信号列表里，必须由胜出的分类器不断地发送这个信号。也就是说，系统要像电视机图像一样，需要在每个时间步不断地刷新信号。

虽然在信号列表内的大部分信号是在内部产生的，但是仍有一些信号是通过自主体的感知器从环境中采集而来的。有些信号列表中的信号会激发效应器产生行动。因此，自主体内部的策略系统和自主体与外界自主体的交互，都是通过信号这个中介。一个特殊的基于分类器系统的自主体，有五个主要要素：

(1) 一个关于分类器的列表。

这个列表会随着自主体对环境的适应而通过不同的途径进行更新。

(2) 一个关于信号的列表。

这个列表在每个时间步都会根据竞赛中胜出的分类器输出来进行更新。

(3) 一组感知器。

感知器把从环境收集到的信息编码成信号。

(4) 一组效用器。

效用器有使用条件，像分类器一样，当信号满足条件才会被激发。当它的行动被激发，自主体就会行动从而改变环境。

(5) 一组仓库。

仓库定义了自主体的"需求"（相当于食物、居所等等）。当某些效用器在合适环境中被激发而行动，会满足和填充某些仓库。在一些典型的模型中，仓库的库存会以恒定速率被消耗。当一个仓库接近空，一个"低库存信号"就会持续出现在信号列表上。自主体填充仓库的效率可以看作性能的衡量指标。由此定义了一个隐式的适应性。

3. 分类器的形式描述

一个基于计算机模型的分类器系统需要合适的语言来描述分类器。为了论述简单起见，尽管分类器系统有很多不同的版本，但我会使用一个特别简单的版本。在这个版本里，所有的信号都是长度为 k 的字符串，每个位置上包含一个字符，字符从 $\{1, 0\}$ 中取值。例如，如果 k=5，一个可能的信号会是 11010。所有可能的信号组成的集合表示为 A={1, 0}^{k}。类似地，所有可能的条件组成的集合 C={1, 0, #}^{k}，它是字符集{1, 0, #}上所有长度为 k 的字符串。一个分类器规则的条件部分有一个条件，即 c∈C，或者两个条件，即 c∈C 和 c′∈C。分类器的 Then 部分是一个信号 a∈A。一个规则可以写成 c/a（一个条件的规则）或者 c, c′/a(两个条件的规则)。我会着重论述两个条件的规则。

[讨论带有多个条件并且长度可变的信号不难，但是会使我们的论述复杂化。有意思的是，我们这里讨论的受限系统仍然是具有计算完备性的。]

如果下列条件成立，则条件 c∈C 被信号 m∈M 满足：

(1) 在 c 的每个具有 1 的位置，信号 m 在该位置也是 1；

(2) 在 c 的每个具有 0 的位置，信号 m 在该位置也是 0；

(3) 在 c 中具有#的位置，对信号 m 该位置上的字符没有要求（这就是说，这个对应#字符的位置具体是任意字符都是"无所谓"的）。

例如，当 k=5，信号 10011 满足条件 1####和 10#11，但是它不满足条件 0####或者 10111。

3.1　规则强度（信用分配）

每个分类器规则都有一个强度值来表示这个规则过去在整个分类器系统（CFS）中的贡献大小。

分类器中的强度值更新有两种途径。当一个效用器被激发执行从而填充仓库的需求时，发送信号激发这个效用器的分类器的强度值都会增加。所有强度值的改变都是通过在整个分类器系统——这个被认为是某种意义上的市场里竞争的结果。每个分类器被看作是这个市场里的一个中介（经纪人）。在任意给定的时间，一个分类器的"供给者"是那些发送满足这个分类器条件的信号的其它分类器。当一个分类器赢得竞争时，它就是那些发送满足它条件的信号的分类器的"消费者"。

更细一步，一个分类器碰到满足自己条件的信息时，它会根据自己的强度来竞价，把自己的强度当作手里的现金。最高的投标者会赢得这个竞赛，并必须以标价"付费"给它的供给者。接着，这些赢家可以根据自己的分类器把输出信号放在信号列表上。为了让自己的强度增加，它必须找到买家以高价购买它输出的信号，从而获得更大的回报来填补之前的支付。总的来说，这些规则必须"赚钱"。这个过程被称为"传递水桶算法"（详情见参考文献 [4]）。这个算法的巨大优势是，这些规则不用回溯，因为这些交易都是局部的。

3.2　规则发现

在这些模型里，规则被当作自主体对环境的初步假设，包括在环境中对其它自主体的假设。作为一个假设，一个规则会被后续事件的结局而逐步肯定，或者被逐步否定。这就是说，被确定的规则会更有能力和其它规则竞争，而被否定的规则会逐步被减弱。

规则发现的目标是产生新的假设（规则）去替换那些被否定的规则。这些新规则必须是基于前面经验的合理假设。在这一过程中，用随机的方式去产生新规则是疯狂的、难以置信的做法。它的成功率和在计算机程序中插入随机新指令的做法差不多。

一个产生貌似合理的新规则的直接方法是使用遗传算法。遗传算法把强度大的规则当作父母，通过交叉产生后代。这些后代规则组合了父母辈的优点，就像人工培育优良马种和优良玉米品种那样。

3.3　总结

这个分类器系统的基本运行周期如下：

(1) 所有从环境发出的信号经过自主体的感知器进入并被加入到该自主体的信号列表；

(2) 所有的规则会检查信息列表上的所有信号，看看哪个规则能够被满足；

(3) 信息列表中的所有信号都被删除；

(4) 条件被满足的规则根据自己的强度竞价，参与竞争，胜出的规则发送（THEN部分定义的）信息到信息列表上；

(5) 用传递水桶算法来调整胜出规则的强度；

(6) 使用遗传算法来生成新规则替换强度弱的规则；

(7) 更新环境，包括被信号激发的效用器对环境产生的影响变化。

(8) 回到步骤 (1)。

模块化（即一组子规则）可以通过标签来实现。标签是信号中的一部分，一组相关规则的满足条件中都有相同的标签。当一组拥有公共标签的规则协同工作时就会产生模块性效果。从这个角度来说，标签就像因特网上的信息标头（header）。因为规则会被遗传算法改造，标签使得模块能在系统演化适应过程中出现[6]。这就是说，会生成一些具有格式 IF（带有合适标签的信号出现）THEN（发送具有那个标签的信息）的规则。在生物回路里，标签就像主题（motif），用来标记和调整各个模块。通过增加或者减少一个模块里的分类器规则的条件字符串里的#符号来提高或者降低激活这个模块的条件的精确度。

这类基于规则和信号处理的系统已经在不同的背景中得到检验。感兴趣的读者可以在参考文献 [7] 中找到更多关于分类器系统的细节。

4. 挑 战

看起来尽管我们没有 "复杂性"、"涌现" 等概念的精确定义，但仍然可以快速推动复杂系统的研究。这就像虽然没有 "生命"，"物种" 和很多生物学关键概念的精确定义，生物科学却能迅猛地发展。然而，正如生物学那样，我们确实需要严格的模型让我们可以探索 CAS 的独特性质。

下面列出的一些特性提供了理解和控制 CAS 的新机遇：

(1) 所有被仔细研究过的 CAS 都展现出杠杆点 —— 在这个点上的一个简单干预就会引起系统持续的、直接的效果。例如疫苗引起免疫系统持续的、按照我们预期的改变，加入一些掺杂物就可以导致高温超导特性的出现。目前没有理论能告诉我们 CAS 的杠杆点在哪里以及怎么去寻找这些点。

(2) 所有的 CAS 都有带着相关信号的边界层级组织，且边界里包含边界。没有边界就没有个体的历史，没有个体的历史，就不能根据适应性来选择。因此，达尔文的自然选择是基于边界的产生及其发展的。但是，目前没有理论告诉我们什么机制足以使得一个初始同质的系统产生边界。

(3) 所有的 CAS 看起来都具有开放式 (open-ended) 演化的风格，即初始很简单的系统，其相互作用和信号传输的多样性会在演化中不断增加。虽然现在已经有了遗传算法和其它人工演化技术，但是目前还没有任何计算机模型能够展现开放式演化。

还有一些合理的假设是根据下面的观察而来的：

(1) 由反馈、资源回收和边界导致的资源局部集中，提供了形成新自主体的机会。

(2) 自主体形成的过程导致了共同演化和自主体多样性的增加，在这个过程中，大量资源会逐步被自主体占据。

(3) 在一些 "静止" 的条件下，会出现自主体的分化增多的现象。

这些无处不在的性质和假设，给我们提供了一些探索性的计算机模型：

(1) 种子机器：构建一个能够仿照从简单单细胞发育到形成多细胞器官的模型。这类模型可能是冯·诺依曼划时代的自繁衍模型 [8] 的一个自然拓展。

(2) 演化的相互作用网络：构造一个从一组基于标记（活性位点）的基本反应式开始的人工化学系统。目的是观察带有标记的边界和与这些边界相互作用的带有标记的信号所组成的网络逐步形成的过程 [9]。这类模型如果成功便能提供更好的途径来刻画具有反馈、共同演化和可塑表现型的生态网络 [10]。

(3) 语言获得和演化模型：构造情景化的自主体模型，自主体在环境中的生存有赖于其与其它自主体的相互作用。目的是观察从前语言 (pre-linguistic) 认知能力涌现出结构化的、基于语法的语言的条件（如果这个条件存在的话）。

最后，在一个元层次观察 CAS 创新的不断产生（例如演化的生态系统）会告诉我们应该怎样改变我们通常构思研究的方式：

(1) 勇于冒险。在经费资助的研究中允许高的失败率。因为未来成功及其副产品的指数增长，从 "全垒打" 得到的回报会大大地超过之前因为失败所遭受的损失。

(2) 多样性和并行性。探索一个问题的时候同时从不同的路径出发。

(3) 信誉分配。对阶段性工作设定回报机制。在科学研究或者做生意中，最困难的行动是开始阶段的、有时候代价很高的、但是最终被证明是个好决策的行动。例如在国际象棋中，通常早期牺牲一个棋子能造出后面的一步好棋。对这个问题的研究实物期权理论比标准的决策理论更好 [12]。

长期来说，我们能期待什么结果呢？

(1) 针对组织机构的 "飞行模拟器"。飞行模拟器是由专家测试的，而不是程序员。这类模型通过提供类似电视游戏的界面，使得飞行专家可以像操控真实飞机那样操控这个模型。专家验证这个模型，给程序设计者提出改进意见。

(2) 能够发现 CAS 杠杆点的相关理论。这样的理论应该可以导致各方面的重大改进，包括从药物设计到关怀帮助穷人等问题。

(3) 能赋予探索性研究 "底线" 价值的新的评价方法。这里的关键是改变那些在征税和净收益估算中使用的 "标准" 核算方法。目前唯一的考虑未来效益的重要核算技术就是备抵折旧。对 CAS 的更清晰的认识使得我们能把这类备抵折旧方法用于贴现可以探索性研究的评价中。

CAS 的研究是困难的，同时又激动人心。困难越大，将来的回报很可能也越大。

参考文献

[1] A. N. Whitehead and B. Russell. Principia Mathematica. Cambridge: Cambridge Univ. Press, 1927.

[2] L. Bull and T. Kovacs. Foundations of Learning Classifier Systems. New York: Springer, 2005.

[3] P. L. Lanzi, W. Stolzmann and S. W. Wilson. Learning Classifier Systems. New York: Springer, 2000.

[4] J. H. Holland, K. J. Holyoak, R. E. Nisbett and P. R. Thagard. Induction: Processes of Inference, Learning, and Discovery (2nd Edition). Massachusettes: MIT Press, 1989, 71–75.

[5] L. Booker, S. Forrest, M. Mitchell and R. Riolo. Perspectives on Adaptation in Natural and Artificial Systems. Oxford: Oxford Univ. Press, 2005.

[6] J. H. Holland. Hidden Order: How Adaptation Builds Complexity. New Jersey: Addison-Wesley, 1995. Chinese translation: Shanghai Scientific & Technological Education Publishing, 2000.

[7] L. Bull. Applications of Learning Classifier Systems. New York: Springer, 2004.

[8] J. von Neumann. Theory of Self-Reproducing Automata. Illinois: Univ. of Illinois Press, 1966.

[9] J. H. Holland. Hidden Order: How Adaptation Builds Complexity. Chapter 3. New Jersey: Addison-Wesley, 1995. Chinese translation, Shanghai Scientific & Technological Education Publishing House, 2000.

[10] F. J. Odling-Smee, K. N. Laland, M. W. Feldman. Niche Construction: The Neglected Process in Evolution. Princeton: Princeton Univ. Press, 2003.

[11] J. H. Holland. Language acquisition as a complex adaptive system, in Language Acquisition, Change and Emergence. J. W. Minett and Wm. S.-Y Wang ed. Hong Kong: City University of Hong Kong Press, 2005, 411–435.

[12] L. Trigeorgis. Real Options: Managerial Flexibility and Strategy in Resource Allocation. Massachusettes: MIT Press, 1996.

　　周光召：理论物理、粒子物理学家，1929 年 5 月生于湖南长沙。1951 年毕业于清华大学，1954 年北京大学研究生毕业。1980 年当选为中国科学院学部委员 (院士)。先后当选为美国等 12 个国家和地区的科学院外籍院士。中国科学院研究员。曾任中国科学技术协会主席，中国科学院理论物理研究所所长、中国科学院副院长、院长、学部主席团执行主席，全国人大常委会副委员长等。

　　主要从事高能物理、核武器理论等方面的研究并取得突出成就。在中国第一颗原子弹、第一颗氢弹和战略核武器的研究设计方面做了大量重要工作，为中国物理学研究、国防科技和科学事业的发展作出了突出贡献。严格证明了 CP 破坏的一个重要定理，最先提出粒子螺旋度的相对论性，并于 1960 年简明地推导出赝矢量流部分守恒定理 (PCAC)，成为国际公认的 PCAC 的奠基者之一。1982 年获国家自然科学奖一等奖。1989 年、2000 年先后获国家自然科学奖二等奖。1994 年获求是基金杰出科学家奖。1999 年被国家授予"两弹一星"功勋奖章。

周光召

复杂适应系统和社会发展

复杂适应系统和社会发展①

周光召

1. 引 言

1.1 21 世纪科学技术发展趋势

20 世纪以来的相对论、量子论和遗传基因的双螺旋结构这三大发现，开辟了人类认识自然的新纪元，奠定了化学、分子生物学、核物理和凝聚态物理学、天体物理学、电子学和光子学的理论基础，并形成了宇宙大爆炸模型、地球板块模型、基本粒子夸克模型、地球圈层共生演化的生态模型等不同层次自然系统的科学图像。

20 世纪在技术上的伟大成就，如卫星、微电子芯片、计算机、激光器、隧道扫描显微镜、因特网、转基因、克隆动物和干细胞等关键技术的发明、改进和普及，使人类可以操纵基因和单个原子，创造全新结构和功能的物质，组装单个细胞大小的智能机械，为 21 世纪人类文明的新跃升奠定了技术基础。正在形成之中的新技术体系推进着新的产业革命和社会变革，一个新的文明形态正初露端倪。

我们正处在科学技术成为第一生产力、科学思想成为重要的精神力量以及高技术产业在世界范围兴起的时代。在新的世纪，网络将把个人、组织、地域、国家和世界连成一体；机械的智能化、生物化和人性化将使人体和机械实现融合；地球的持续发展要求人与自然、人与人的关系由物竟天择向天人合一，协同进化转化。

在新世纪，信息广泛和快速的传输，促使市场全球化，社会各部分都处于非线性的强相互作用之中，处于快速变革和发展之中。一方面智能产品的构成包含多种技术的综合，内部构造和制造过程越来越复杂，另一方面，社会充满多种矛盾，各种势力此起彼伏，呈现错综复杂的局面。复杂性和不稳定已成为普遍的日常现象。

21 世纪科学技术将继承以往的传统，又具有鲜明的特色。21 世纪科学最主要

① 时任中国科协主席的周光召院士于 2002 年 5 月、6 月分别在北京、大连作了《复杂适应系统与社会发展》《二十一世纪科学技术发展趋势和特色》的报告. 本文是以上两个报告的整理稿，由车宏安 2002 年 10 月整理，2002 年 11 月中国系统工程学会第 12 届学术年会印发给全体代表.

的特点将是研究复杂性,调控复杂系统。以下几方面显示出的复杂性很清楚地说明了这一点。

1.1.1 产品的复杂性

20 世纪及以前,科学主流所研究的对象是具有确定运动规律,能够预测未来行为及其行为在随机因素作用下产生的偏差几率的,处于平衡、稳定状态附近的系统。这种系统尽管有时其结构也相当复杂(如大规模集成电路),但它的行为在一定范围内仍是可以预测和控制的。随着技术的发展,一个产品常常是多种技术的综合,数码相机就包含了光学、机械、微电子芯片、软件等等技术部件复杂的组合,是一种行为可控的复杂系统。这种复杂技术组合的产品带来新的消费需求,对经济的发展相当重要,现在还在继续往前发展。

1.1.2 生物复杂性

人类细胞染色体上的基因双螺旋长链 DNA 的密码字母高达 30 亿个,结构十分复杂,其排序虽已经完成,对少数基因的功能及其表达和调控的机制也有初步认识,但对大部分基因的作用尚不清楚。DNA 上除了蛋白质基因的信息,还有大量未知的密码序列,其作用有待进一步澄清。

人类基因组含有的蛋白质基因约 3 万~ 4 万个,和老鼠基因的数量差不多。但通过 RNA 转录和翻译,人类可以产生 10 万种以上的蛋白质,数量和品质都高于其它哺乳动物。

人体有两百多种不同的细胞,都由一个受精卵发育而成,它们具有相同的基因,但是不同的细胞表达的蛋白质则是不同的。人类的复杂性更多体现在蛋白质的表达顺序、结构和功能上。研究蛋白质结构和功能的蛋白质组学是当前研究的重点。

生物体从受精卵开始发育、成长、衰老、死亡的过程是一个复杂系统演化的过程,是多基因协同调控的产物。单独抽出单个基因或单个蛋白质,研究其功能一般还不能阐明活细胞的工作机制,需要将一组相关的 DNA、RNA 和蛋白质通过多种相互作用,在不同调控途径、代谢途径上形成的网络单元进行整合,分析不同途径间的耦联,形成整体跨层的相互作用模型,进行模拟,找出规律,才能说明活着的细胞或器官的工作机制,这是新兴的引入复杂性研究的系统生物学的任务。

1.1.3 网络的复杂性

人的智力是大自然进化的最高产物。人的大脑有一千亿个神经元,彼此之间形成一千万亿个的联接点,组成复杂的神经网络。神经元联结的样式相当部分是由后天的学习和记忆过程决定的。正是神经网络的复杂性造就了人区别于其它动物的高度发达的智力。今天，唯物论者和大多数神经生物学家相信人的意识、智慧是由神经网络确定的，但并不清楚它的机制，即意识和智慧是如何产生的，这一问题具有非常重要的意义和应用前景，将是 21 世纪最重要的研究方向。

当前因特网已建立上亿个网站，几亿人每天在网上冲浪，获取信息，进行交易，建立组织，实施管理，网络已经成为社会生活的神经系统。要在这样复杂的网络上保证安全；从海量存储中快速获取所需信息，进行分析和处理，将信息上升为知识和决策；实现实时反馈调控，保持系统整体有序、局部协同，是信息科技下一步发展的重点。

大脑每个神经元激发的速率为毫秒级，远慢于现在芯片中晶体管激发的速率，但人识别图像的能力仍优于当前的个人电脑。模仿人脑进行并行处理的方式是电脑发展的方向。

由电脑和传感器共同组成的虚拟现实技术，以网络数据并行、分布处理为基础的信息栅格计算（grid computing）将逐步发展成熟和普及，和智能处理相结合，能实现多种资源共享，多维信息传输，不同网络协同，多个网点合作，针对多种需求，面向多个用户，将成为重要的发展方向，为数字地球、数字城市、数字图书馆、电子商务、电子政务、远程教育、远程医疗、灾害预警、科学研究、军事作战等提供有力的应用平台。

信息技术发展的这些新方向，都要解决其中出现的复杂性问题。网络复杂性的研究也必然成为 21 世纪研究的重点。

1.1.4 社会面临的复杂形势和问题

科技快速而不平衡的发展和信息技术的普及，促进社会信息化和经济全球化，加强个人、企业、地区和国家之间长距离的非线性相互作用。

市场竞争空前激烈，企业业绩涨落幅度加大，市场不稳定度增加。高速度和不平衡已成为现代社会发展的常规。财富的正反馈效应使得富者越富，穷者越穷，南北差距、地区差距和贫富差距进一步扩大。

频繁突发的金融、经济甚至政治的危机说明陷入无序的混沌状态的可能性增加，如新经济热潮中股市泡沫的破灭，阿根廷从金融到政治的全面危机等。当前出现的许多现象使人们感到世界正处于混沌状态的边缘，既提供突显新的有序结构的机遇，又有陷入危机的混沌状态的可能。

在变动频繁、快速演化的环境中，挑战和机遇是并存的，为在观念、体制、人才、发展战略、基础设施、研发创新和应对措施做好准备的企业和国家，带来新的发展希望。同时，对那些没有做好准备的企业和国家，严峻的挑战，就会迅速发展成为危机。个别的突发事件，在某些条件下就会引发政治、经济和社会格局的重大变化。

以上的一切说明，从市场产品、生命科学、网络应用到社会现象，复杂性都成为 21 世纪科学技术面临的需要解决的问题，要求开展对复杂系统和复杂现象的研究，各国都给与了高度重视。因此，复杂性的研究将成为 21 世纪科技的主要特色。

1.2 探索复杂性: 混沌和分形

从 20 世纪 70 年代末开始的关于混沌现象和分形理论的研究，通过对一些现象的数值模拟，使人们认识到，在非线性相互作用下的开放系统，在特定条件下可能发生其行为不可预测的混沌现象或突变现象。

在混沌出现的区域，系统对外界环境的偶然因素非常敏感，可以说是差之毫厘，谬以千里，系统长期的运动状态，成为不可预测的一定程度上无序的状态。同时也发现，在混沌区的附近，有可能突然形成（突显）具有自相似时空结构的有序状态 (分形)，出现了由无序向有序的转变。

随后发现，混沌和分形是很普遍的现象，在生物界、经济和社会生活中到处都可以观察到混沌和分形的出现。这种状态又常常在某些开放系统处于快速演化和结构调整的过程中，在矛盾激化的对立斗争中发生。

对于复杂系统，随着系统开放度的增加和系统内各部分之间非线性相互作用的增强，系统较易出现无序的混沌状态（常常表现为危机）或突显新的有序结构（分形）。了解有关的规律将有助于进行管理和调控，因此对复杂性，特别是对处于非稳定和非平衡状态，进行快速演化和不断调整的复杂系统的研究就成为本世纪科学研究的一个重点。

美国科学家 Pagels 说，不惧复杂性和勇于面对矛盾而无需简单性和确定性的能力，是一个探索者的品质 (The capacity to tolerate complexity and welcome contradiction,not the need for simplicity and certainty is the attribute of an explorer)。

对非稳定和非平衡复杂系统的研究刚刚开始不久，还没有成熟的理论，缺少定量分析的工具，但在对一些现象的数值模拟时，已形成了许多定性的概念。简单和复杂、局部和整体、必然性和偶然性、有序和无序、稳定和发展、量变和突变、竞争和协同、适应和淘汰，遗传（继承）和进化（发展）这些相互矛盾概念的对立和统一在复杂性的研究中都得到了进一步的发展，辩证法已成为研究的有力工具。

下面，我们对处于非稳定和非平衡状态的复杂系统作简单的介绍。由于理论尚不成熟，不同学者的看法也不尽相同，阐述只能是初步的。

2. 关于系统的基本概念

2.1 系统、子系统和系统层次

"系统"一词在古希腊时代就有组合、整体和有序的含义，在物理科学中太阳系指的是以引力相互作用维系的太阳和九大行星组成的天体系统，在生物学中消化系统、呼吸系统和神经系统等名称描述的是联合执行同种功能之器官的组织学结构。

一个系统内部通常都是结构分明的子系统，它本身又可能是一个更大系统的子系统。

肉眼看不见的分子系统也是结构复杂的系统。分子是由原子组成的，原子是由原子核和电子组成的，原子核是由质子和中子组成的，质子和中子是由夸克组成的等。

肉眼看不清的宇观世界是结构层次分明的天体系统，像太阳系、银河系。太阳系内的地球本身又是一个大的系统。

过去较多采用由整体分解为局部的研究方法，今后将更重视由局部整合为整体的研究方法。

2.2 物质、能量和信息

所有自然系统都由物质构成。物质不停地运动，运动在时空中进行，是有规律的。有些社会系统则主要是由信息构成，如文学系统，法律系统等。社会系统同样是在自身规律作用下不停地变化和发展。

系统的构成，系统每部分所处的运动状态，相互之间的作用和运动遵守的规律，这些都是可以认识的，是知识性信息。

可以认为，物质、能量（运动）和信息是构成宇宙形形色色，丰富多采现象的三大基本要素。

2.3 简单系统与复杂系统

一个完全无序，处于热平衡状态的系统无疑是简单的系统，一个具有高度对称的有序状态的系统，如完美的晶体也会看作是简单的系统。一般地讲，描述简单系统的状态需要的信息量小，而描述复杂系统的状态所需要的信息量多。因此，复杂系统的状态处于完全有序与完全无序之间。

2.4 系统的复杂程度

我们可以用一个系统中包含的有效信息量（去掉了错误的和无关的信息）的多少来判断系统的复杂程度。有效信息量大表示系统复杂程度高。由简单到复杂系统的演化反映的是系统内有效信息量的增加。地球的生物系统和社会系统从产生开始就不停地由简单系统向复杂系统演化。

2.4.1 随机性和规律性

任何信息都可由文字、声音和图形来描述，而这些又都可以录制在磁带上，由数字串来代表，像现在电脑用二进制数字串所作的那样。在电脑未发明之前，人们就已经会用电报码这样的数字串来传递文字信息。

一个完全随机的没有任何规律的数字串和一个完全规则的如 10101010... 的数字串所带的信息量都是很少的。对前者我们只要说它是随机的，对后者也只要说它是 10 的重复就够了。

2.4.2 必然性和偶然性

一个既有确定规则，中间又杂以随机数的数字串才带有更多的信息。规则的部分反应的是必然性，而随机的部分则反应的是偶然性。因此，由必然性和偶然性结合而产生的系统通常是一个包含信息量大的复杂系统。例如，人类社会的历史就是由社会发展的必然规律和一些偶然的因素，如突发的天灾，一次战争的结局，统治者的错误决策等这些带有偶然性的因素共同决定的。

2.5 物质运动变化的动力

引起物质运动变化的动因是物质之间的相互作用力。

2.5.1 物理作用力

相互作用力有很多种，最基本的是四种物理的作用力：万有引力、电磁作用力、弱作用力和强作用力。天体运动和地球上事物的宏观运动由万有引力和电磁作用力推动。到生物和化学层次，分子、原子和电子之间主要起作用的是电磁力。

2.5.2 维系复杂系统的作用力

到系统结构的高级层次，当信息在形成系统结构中起重要作用时，维系系统结构稳定的作用力已经主要不是物理作用力，而是相互传递的信息。例如在生态系统中，生物为吸引异性或驱逐敌人散发特殊气味和声音。社会组织中则除暴力外，有权威、法律、道德、伦理、感情、文化等等作用于个人的力量。

2.5.3 非线性相互作用

若存在作用和作用的效果不按相同比例增长的非线性相互作用力，就会出现某些反映系统性质的参量成指数上涨的情况。非线性相互作用产生的正反馈会造成系统的不稳定，在某些条件下会使系统的长期行为对作用的参数和系统的初始状态及边界条件非常敏感，就像成语所说：差之毫厘，谬以千里。而在另一些条件下，又可能从混乱中产生秩序，突发形成有序状态。非线性相互作用还会引起运动过程中的突变，如冲击波、雪崩、地震、股市崩溃等。复杂系统中出现的相互作用一般都是非线性的。

3. 几个基本规律

在探讨复杂系统的结构和演化时，有几个规律起着基本的作用，它们的内涵不仅有大量实验事实的验证，而且已经成为我们研究复杂系统的基本出发点，所以此处称之为原理或论，它们是：守恒原理、开放论和进化论。

3.1 守恒量 —— 变化中的不变量

研究发现，在某些确定的环境下，系统（相互作用着的一组物体）无论发生什么样的运动变化，无论运动变化出的形态多么千差万别，系统内总有这种或那种可测度的量（如物理系统的能量、电荷，化学系统的元素，经济系统的货物和资金等）不断与外界进行交换，在内部的某些区域持续地产生或消灭，但是不会无中生有，不会无端消失。在整个运动变化期间，该量的总和是收支平衡的，这种量就称为守恒量，它们随时随地都满足守恒方程。

在日常生活遇到的系统中，物流、能流和信息流对系统的结构和运动产生决定性的影响。物流和能流都满足守恒方程，货币是广义的物流，也必须满足守恒方程。信息具有完全不同的特性，它有真有假，真实信息可以同时为多人共享而不会消耗，它的运行规律和物流、能流完全不同。它的数量在传输和使用过程中会增加或减少，一般不满足守恒关系。

3.1.1 热运动和热力学第二定律

虽然能量是守恒的，它的形式也可以转化，但不是所有的能量形式都能无条件的作功，为我们所用。其中热运动具有特殊的性质。现在我们知道，热运动实际上是物质内分子和原子作无规则（无序）运动的能量，无规则运动的能量不是很容易就能转化为规则（有序）运动的能量。

热运动服从热力学第二定律。这个定律说的是：由于存在摩擦、电阻（以后统称耗散）等因素，在和外界没有物质和能量交换的封闭系统中，有序运动最终将通过摩擦、电阻等耗散因子转变为无序的热运动，而热量只能从高温流向低温，最后趋于热平衡，而不能相反，或者说封闭系统内的过程都是不可逆过程。要将热量从低温提向高温，则必须对之作功，像冰箱制冷就必须消耗电能。

热力学第二定律是宏观物理学的基本定律，在我们生活的世界上，由大量原子和分子组成的物理的、化学的、生物的以及更高层次的物质结构和运动都要遵守。

3.2 开放 —— 有序态产生的条件

对封闭系统，运动的无序度将不断增大。封闭系统中进行的过程是不可逆的，其中的有序状态会逐渐消失，转为无序的热平衡状态。有序结构和有序运动不能在封闭系统中产生是热力学第二定律的重要结论，也是我们为什么要开放的一个重要原因。

封闭使系统状态走向无序，但是自然界中不断从无序状态中生成有序组织的物质，如晶体、生物、社会组织等等，它们是不是违反热力学第二定律呢？当然不是。因为它们不是从处于热平衡的封闭系统中产生的，而是从远离热平衡的开放系统中产生的。

封闭导致落后，开放带来进步。一个封闭系统的活力在内部摩擦的作用下必然逐渐损耗，发展缓慢，最后停滞，而一个开放系统不断和外部交换物质、能量、信息（资金、人才、知识、装备、货物）而显得生机勃勃。从清代开始的闭关锁国造成了中国的长期落后，改革开放促进了中国的迅速发展充分证明了这个真理。

3.3 系统论

系统论把系统概念一般化为由相互作用着的要素构成的有机整体。在系统论的发展和应用过程中，按照热力学的要求，依其与环境有无物质、能量和信息的交换，将系统区分为封闭系统和开放系统，依其热力学状态的不同将系统的状态区分为平衡态、近平衡态和远离平衡态。

3.3.1 平衡与稳定

在系统结构的每一层次中，都有两种或更多相互制约的作用力起主要的维系系统动态平衡与稳定的作用。当各种相互矛盾的作用力势均力敌、相持不下，系统的运动处于平衡状态。太阳系的行星轨道是万有引力与行星运动产生的离心力这两个相反作用的力达到平衡的结果。

平衡状态一般不是静止或无序状态。热平衡态是平衡态的一种，通常是最稳定的平衡态。

当系统偏离平衡状态时，若作用力的总和起负反馈的作用，使系统恢复到平衡状态，这时系统处于稳定状态，否则，处于不稳定状态。处于不稳定状态的系统，在外界偶然的干扰下，就会偏离原有轨道，发生大的、可能是灾难性的变化。处于相对平衡状态的系统保持系统状态渐进的变化是进化或改革，若状态的变化是突发的大变化，就是革命或灾变。

在科学上，我们通常把稳定平衡的状态叫做吸引子。

3.3.2　有序向无序转化 —— 走向混沌

从牛顿力学的观点看来，在相互作用力和状态的初始条件及边界条件给定以后，系统的运动轨迹就完全确定了，如钟摆以每秒为一周期的摆动。在一般情况下，周期运动的运动轨迹是按照力学运动的规律完全决定的。在这种观点影响下，人们曾经认为，一切现象都是按必然的规律产生的。以后的研究发现，在一定条件下，必然性会转化为偶然性，牛顿力学也会产生混沌的现象。

如果在以位置为横坐标，以动量（质量乘速度）为纵坐标的相图上表示，周期运动的轨迹是一条闭合的曲线。若初始条件稍有偏差，在图上的轨迹也只会有小的偏差。

对存在非线性的相互作用力的周期运动，在外部边界参数或初始参数改变的开始阶段会出现周期加倍的现象，继续改变，会在更短的改变下周期再加倍，直到某个极限条件以后，运动变为混沌的，不再显示周期现象。一旦运动成为混沌的，其运动轨迹在相图上几乎跑遍一个特定的但有限的区域。周期运动通过周期加倍而出现混沌是一个相当普遍的现象。

比较两条初始条件只有细微差别的处于混沌状态的运动轨迹，它们开始时彼此靠近，随着时间的推移，彼此之间的差距越来越大，但仍在一个有限的相空间范围之内。由于我们不能无限精确地确定运动的初始条件和边界条件，因此除了知道运动轨迹不会超过某一有限范围之外，预言运动轨迹的长期发展实际上是不可能的。各种微小外部因素经过一段时间后，都会产生巨大的后果。

影响运动的条件一旦处于导致混沌的区域，运动对外界干扰就非常敏感，偶然性将起重要作用。

大气运动虽然服从牛顿力学的运动规律，但大气的相互作用以及大气与海洋和生物的作用都是非线性的，因此在某些条件下，大气运动呈现混沌现象，在这种时候，大气运动对外界扰动非常敏感，在大气界形象地称之为蝴蝶效应。

为保持稳定，不致陷入混沌状态，复杂系统状态的即时反馈、调控和自适应机制是不可缺少的。自然界的生命系统通常都有这种反馈、调控和自适应机制。

前面我们讨论了系统运动状态由有序趋向无序，由规则趋向混沌的现象，下面我们讨论，从无序中形成有序的结构和状态的条件。

3.3.3 无序向有序转化 —— 耗散结构

在远离热平衡的开放系统中，通过和外界不断交换物质、吸收有序的能量和信息，排除经耗散而变得无用的能量和信息，处于某些特定条件下的系统可以通过自组织，从无序状态逐步发展为有确定结构和运动行为的有序状态，并进一步由简单结构向复杂结构进化。这种结构在科学上称之为耗散结构。生物系统就是一种耗散系统，一旦新陈代谢停止，生命活动也就结束了。

在某些自组织系统中，开始存在状态的涨落，其中某种模式的涨落通过非线性反馈作用加以放大，就会形成起主导作用的统治模式，抑制其它模式的作用，迫使内部的子系统臣服，按照统治模式的格式进行相似的自我复制，并按照统一步调行动，形成具有特定时间和空间结构的整体。

很多系统的有序结构发生在系统远离平衡的临界状态附近，那里相互作用成为长程的，内部子系统之间长程相关，使得所产生的有序态具有自相似性，也就是将系统任一局部加以放大，其结构和原来系统相同。用简单的规则可以产生复杂的空间结构，称为分形。

关于进化论，结合下面的复杂适应系统阐述。

4. 复杂适应系统

许多复杂系统在特定的外部条件下，会通过自组织形成具有特定时空结构的有序状态。这种有序状态在环境的影响下能自组织、自学习和自适应，不断演化其形态而生存、繁衍和发展，当适应能力赶不上环境的变化时，就会衰亡下去，我们称这种复杂系统为复杂适应系统。

生命无疑是一种复杂适应系统。

4.1 复杂适应系统的特征

复杂适应系统有以下特征：

第一，它由子系统构成，但它的结构、运动模式和性质具有整体的特点，不是子系统简单叠加之和。部分子系统的变化甚至对整体特点不产生大的影响。

第二，它是处于远离热平衡的开放系统。

第三，内部子系统之间的相互作用是非线性的。

第四，它具有自组织、自学习、自适应和进化的功能 —— 它的有序状态能在一定的环境条件下自动地形成，并能适应环境的变迁而演化和繁殖，历史的偶然因素会对演化的过程产生重要的影响。

第五，复杂适应系统所处的有序态通常是在某一参数达到混沌区的临界点，以突变的方式形成，其内部会出现逐级向下的自相似结构。进入混沌区后，系统的运动变得不可捉摸，不可能形成有序态，而在临界点前，运动形式过于简单，不可能进行适应性进化。在临界点上，内部相互作用变为长程的，会出现自相似的分形结构。《复杂》一书里有句名言，意思是要在混沌的边缘上，才会有新的思想或者新的结构产生。

无论混沌状态或复杂适应系统的有序状态都只在必需的条件具备时才会发生。对反映这些条件的参量常常十分敏感，少许改变就可能改变其状态。如果对产生的条件有正确的认识，就会给调控这些状态提供可能性。

例如心脏跳动出现二联律，预示跳动周期加倍，发展下去就可能发生心脏颤动，心脏跳动进入混沌区。过去用高电压 (2000 伏) 电击可使心跳恢复正常。采用混沌理论分析，对敏感区进行低电压 (5 伏) 电击，即可恢复。

4.2 进化论

按照达尔文学说，地球上现今生存的物种都是由共同的祖先长期进化而来的产物，而进化是基因变异、遗传和自然选择三种因素综合作用的历史过程，但其中自然选择是进化的主要因素。

即使同一种族的个体之间，由于多种原因，基因也不完全相同，个体的性状和体能会有差异。在相同环境下，有的个体在相互竞争中体能强，有的则采取更好的策略，或伪装或共生，以适应当时的环境，繁殖更多的后代。它们的体能和智力就会遗传下去，在种群中取得优势。

在生长和细胞分裂过程中，基因或受外界作用，或在复制过程中出错，都可能造成偶然的变异。多数基因的变异对生物是有害或无益的，但也有少数变异给生物带来新的有益的性状。带有这种有益的变异基因的个体具有竞争优势，就更多的在种族中繁殖后代。逐渐带有这种变异基因的个体在种群中的数量就会大大增加，种群的面貌也就发生可见的变化，甚至形成新种。这就是自然选择带来的进化。

有益基因并无绝对标准，是相对当时的环境而言。一旦环境改变，原来适应的可能不再适应，数量就会减少，原来不适应的可能更为有益，数量又会开始增加，生物种群的分布就会重新发生变化。

基因不断发生变异，经过自然选择，带有适应环境条件基因的个体有机会生产更多的后代，生物就不断地进化。多数基因在环境作用下虽是缓慢地进行改变，经过多年的积累，生物的面貌也会发生根本的变化。人由古猿进化而来，人和黑猩猩的遗传基因（基因密码字母排列序列）只有 1.23% 的差异。

4.3 复杂适应系统举例 —— 生物进化

地球上天天都有各种各样具有耗散结构的复杂系统在产生、发展和消亡，它们在发展的过程中，不断适应环境的变化，不断地积累信息，使得自身的复杂程度越来越高，以自学习和自组织的方式自发地形成由简单到复杂，由低级到高级组织形式的演化过程。这种演化过程的典范是地球上生物的进化过程和这一过程对地球环境和气候变迁产生的影响。

4.3.1 选择压力和向复杂性进化

在地球的生存史上曾经周期性地出现过冰期，遭受过空间小行星的撞击，有过大量的地震、火山爆发、洪水泛滥等自然灾害。有些灾害是如此严重，以致当时生物品种的大部分都遭到绝灭。

过去 5 亿 4 千万年中出现过五次大的生物绝灭的灾害。最厉害的一次发生在 2 亿 1 千万年以前，当时火山爆发、地震不断、气候突变，生物的 90% 以上都在短短十几万年的时间内死亡了，但也有一部分生物在选择压力下向复杂性进化。

4.3.2 恐龙时代

在 2 亿 1 千万年这次灾害过后，地球的气候有过一段非常温暖的时期，为恐龙繁殖和统治世界创造了良好的环境条件。哺乳动物的祖先竞争不过恐龙，没有在同时发展成为大型的、智能较高的动物。只有一些小型的生活在地下的哺乳动物（鼠类）在当时得以生存下来。

在恐龙统治的后期（由 1 亿 2 千 6 百万年到 6 千 5 百万年前的白垩纪），地球气候发生变化，几百万年内，气温一直下降，许多热带生物相继绝种。同时陆地变得干燥，内陆形成酷暑和寒冬，植物生长不良，恐龙数量开始减少。

正在恐龙生长环境恶化的时候，6 千 5 百万年前，另一次著名的灾害发生了。可能一次外来小行星的碰撞造成尘埃和毒气遍天，全球黑暗，温度下降，使得恐龙绝灭，陆上物种减少了 88%，海上物种减少了 50%。这次灾害终止了爬行动物的统治，使得当时存在的体积较小的哺乳类动物偶然地获得了大发展的机会。

今天生物界的精英都是在恶劣环境中经过千锤百炼而得以生存下来的。同时历史的偶然性作为一种机遇对具体物种以后的的繁育也起重要的作用。

从上面的例子还可以看到，一个复杂适应系统的进化可能由于强大外力的干预而停止，如小行星碰撞造成的环境的恶化促使恐龙灭绝。复杂适应系统的进化也会由于内部出现强大的统治物种而停滞。恐龙的垄断抑制了新生的哺乳动物的进化，使得恐龙没有天敌，发展没有制约，最后消耗了赖以生存的植被而走向衰退。

4.3.3　变异、竞争与选择

一个向越来越复杂的适应系统进化的过程，它实现的条件是：(1) 个体基因中存在偶然的突变，不断增加可遗传的信息量。(2) 突变的基因融合于原来基因之中，可以复制和繁殖。(3) 适度的环境压力，造成具有不同基因个体之间的竞争，不适应环境的个体被淘汰，适应环境的个体生衍。

自然生态系统是在进化过程中不断发展的复杂适应系统。在生态系统物流和能流的每一个环节，也就是每一个生态位上都生存着许多物种，在保证生态系统中物流和能流守恒的条件下，充分利用系统的各种资源进行繁衍。在生态系统中，可能通过基因变异或物种迁移，产生或引进新的物种，与原有的物种竞争生存的资源和空间。

恶劣的生存环境会造成大量不适应物种的消亡，所空出来的生态位又会迅速为适应环境压力的新物种所填充。相同生态位上的生物相互竞争，不同生态位上的生物在竞争的同时可以发展共生关系，实现相互协同，生态系统必然发展出既竞争又共生的生物多样性，以保证物质和能量得到充分利用，保证生态系统的相对稳定。

4.3.4　从猿到人

距今约 400 万～ 500 万年，在非洲南部已经出现直立行走的南方古猿。可能在 700 万～ 800 万年前，由于非洲东部地区持续干旱，森林破坏，非洲猴开始沿三路进行演化，其中一路留在森林，抱住树木不放，更加适应森林生活，演化成为大猩猩。第二支开始向森林边沿转移，但不脱离森林，同时到草原上寻找食物，演化为黑猩猩。第三支因无法和其它两支在森林中竞争，被迫走上新的生存道路，开始以双足走路，发展出杂食的习惯，懂得和家人分工合作，分享食物，最后实现向人类祖先古猿的转变。

最近的研究表明，今天的人类和他们血源最近的祖先 —— 黑猩猩 —— 的基因密码排列顺序，只有 1.23％的差别。而由基因突变和自然选择在几百万年中形成的这一小点差别就造成了我们和我们远祖兄弟之间的鸿沟。

为生存竞争所迫的猴子，离开果实累累的森林，到平原上寻求发展，无疑在开始阶段经历了艰苦的考验。艰难的时势却造就万物之灵的人类。人类在其发展进化过程中，也不断以其独有的智慧和勤劳，认识世界，改造世界，在文化和知识开始发展后的短短一万年内将整个地球变得面目全非。

5. 高技术和高技术产业发展的规律

5.1 高技术产业生态系统 —— 复杂适应系统

和自然生态系统一样，高技术及其产业也是一个复杂适应系统。它在开放条件下，通过复制繁殖（技术扩散）、基因变异（技术和产品创新）、竞争、共生（参股）、选择和适应（通过市场），不断进化和发展。同时在价值链的每个环节会自动形成新的相关产业，包括为产业服务的金融、运输、电信、保险、销售、维修等服务业，通过自学习、自组织、自适应共同形成既竞争又分工协同的产业生态系统。产业聚群是产业生态系统的一种表现形式。

国家目标，特别是国防的需求，是高技术及其产业的催生婆，在发展的初期有不可替代的作用。但高技术及其产业的发展壮大却是一个复杂适应系统通过自组织、自学习、自适应而不断演化壮大的过程。

高技术的创新决定于技术人员活跃的思想和高超的技术水平，由一个新思想带来的技术革新就可能创造一个新的高技术企业。技术的复制、变异或创新不断地进行，新公司和新产品每天都在出现，市场竞争激烈而反应迅速。性能、质量和速度成为市场选择的关键。这些都促使高技术及其产业加快演化。

5.2 不同高技术产业之间的正反馈

微电子芯片的进步提高电脑的功能和速度，扩大电脑的市场和应用面，反过来电脑的发展增加芯片的需求量。采用计算机辅助设计又加快芯片研究和开发工作的进度。高技术之间的正反馈作用带动高技术产业高速扩张。在价值链上不同生态位的高技术产业之间结成联盟，能快速推动企业的发展，如 Intel-IBM,WinTel 联盟大大加速了微电子芯片和电脑的发展。

垄断在一个短时期能给垄断企业带来高额利润，但会使系统的进化停滞，对整个社会不利。因此，发达国家都制定了反垄断法。一种高技术的替代方案很快就能产生，高技术企业不可能靠垄断技术而获得持续发展，依靠垄断技术，最后都遭到失败。如苹果公司不愿将其电脑设计公开，使得其它厂商不能生产兼容产品，尽管其技术优异和早占领市场，仍然败给了 IBMPC 和生产兼容 IBM 电脑的厂家。这些都说明高技术及其企业只有在开放的条件下才能迅速发展。

5.3 凝聚和激励人才

高技术企业依靠杰出的人才,争夺、凝聚和激励人才是企业管理的中心环节。但是在开放的环境下,必然形成人员的流动和随着人员流动带来的技术转移。当某个环节的技术革新思想萌芽,就像在生态系统中出现新的生态位一样,会有技术人员脱离去创办相关的产业,占领这个新的生态位,与原有企业形成新的,常常是效率更高的分工,在整个高技术生态系统中协同发展。

人员流动有个人的原因,但更多是企业的管理模式存在问题,或不支持创新,或决策错误市场前景不好,或待遇过低和市场价值偏离。过分频繁的人才流动不利于一个高技术企业的发展,人才竞争迫使企业更加注重企业文化的塑造、知识产权的保护和对有创造力职工的激励。从整个社会来看,适度规范的人员流动能加快技术的转移,加快淘汰落后的技术和企业,创造更健康的竞争环境和新的就业途径,提高市场运行的效率。

5.4 创新和变革,开放和内因

作为生产力的高技术快速发展要求生产关系迅速调整。高技术企业的技术构成、产业结构、管理模式、运行机制和市场战略都要随技术的变迁而不断革新。不停顿的创新和变革是高技术企业发展的常规,凡是跟不上的企业不是被兼并就是经历大的起伏和波折,能获得持续发展的高技术企业只是其中的少数。

在相同的外界条件下,系统发展的速度和动力由系统的开放程度和内因起决定作用。内因中人才群体的整体素质、召募和使用人才的政策起主要作用,而领导层的素质,反映在对发展目标和市场战略的选择,对资源的发掘和集中使用,对人才的识别、培训、激励和量才使用,对研发和质量的重视,对市场开拓的策划,对提高为顾客服务的效率,对工作协调和组织的能力等方面,又在其中起关键的作用。

知识、人才、资金、信息和市场是支撑高技术企业发展的主要因素,要形成良好的企业生态系统,其周围必须有提供知识和人才的大学和科研机构,有融资来源和风险资金的投入,有良好的基础设施,有市场的强大需求,有为企业服务的信息库、网络和完备的法律体系。

6. 结　语

封闭系统走向灭亡,而开放系统则生机勃勃。非线性相互作用既能在有规律的运动中产生混沌现象,又能在条件具备时,从无序的混沌中演化出有序的结构,在环境不断变动的压力下,通过自学习、自组织、适应新的环境,求得更好的生存和发展，这种不断进化的结构就是复杂适应系统。

我们周围充满了不断产生、不断演化的复杂适应系统，从地球、生物个体到各种社会组织都是。复杂适应系统内部和它与环境之间，都存在非线性相互作用，它们的演化既要遵循共同的必然规律，又都与自身的历史、在历史中冻结的偶然因素有关，是共性与个性，偶然性与必然性结合的结果。

复杂适应系统的进化要通过不同模式对有限资源和空间的竞争来实现。而一种好的竞争策略是开辟新的生态位，实现系统内的协同进化。

非线性相互作用，使得某些过程对环境条件非常敏感，自动反馈和调控的机制对增加复杂适应系统的适应性和保持系统结构的相对稳定是非常关键的。不然，将频繁出现突发危机和混沌的局面。

当人类社会的进化由基因突变转向智能创新，自然界物种由天择转向人择，当信息和知识成为社会发展的主要动力，当信息鸿沟、知识鸿沟和两极分化继续扩大，非线性相互作用引起的，在气候、生态、金融、经济、政治等领域可能发生危机和灾变，导向混沌的历史时刻，人类对其历史和后代，对宇宙万物的生息担负了空前重要的责任。

自私和愚昧，掠夺和霸权是进化过程遗留给人类的兽性。人要超越生物，就必须战胜自私和愚昧，必须反对掠夺和霸权。当人类战胜自身的弱点，学会和大自然及其同类和谐相处，协同进化，人类就会进入到持续发展的新阶段，就会有光辉灿烂的前景。

关肇直（1919—1982），数学家，系统与控制学家，1980年当选中国科学院院士。中国现代控制理论的开拓者与传播者，中国科学院系统科学研究所首任所长。

关肇直 1919 年 2 月生于广东省南海县。1941 年毕业于燕京大学数学系。1947 年赴法留学，师从著名数学家 Fréchet 研究泛函分析。1949 年新中国成立，他毅然中断学业，回到百废待兴的祖国。1956 年，他研究了无穷维空间中非线性方程的近似解法，通过收敛性分析，在国际上最早发现"单调算子"方法的原始思想。为了原子能科学发展的需要，他研究了中子迁移理论。对于当时国际上研究中子迁移理论的一种重要方法 ——Case 方法，他在 1964 年首次给出了其严格的理论基础。他是我国现代控制理论的开拓者。从 20 世纪 60 年代开始，为了军工和航天等事业的发展，他全身心地投入到现代控制理论的研究、推广和应用工作中。他在人造卫星轨道设计和测定、导弹制导、潜艇惯性导航等的研究中作出一系列重要贡献。他主持的研究工作多次受到奖励和表彰。"现代控制理论在武器系统中的应用"和"我国第一颗人造卫星的轨道计算和轨道选择"获 1978 年全国科学大会奖；"飞行器弹性控制理论研究"获 1982 年国家自然科学二等奖；"尖兵一号返回型卫星和东方红一号"获 1985 年国家科技进步特等奖（关肇直负责该项目中轨道设计和轨道测定两个课题）。

1982 年 11 月 12 日关肇直在北京逝世。

关肇直

复杂系统的辨识与控制 (提纲)

1. 引言

2. 从信息处理、系统辨识到系统控制

3. 分布参数系统

4. 多重时间标度问题

5. 带种种不确定因素的控制系统

6. 非线性系统

7. 结束语

复杂系统的辨识与控制 (提纲)[①]

关肇直

1. 引　言

一个系统怎样才叫做复杂？会有很多不同的理解。我们从几个方面来看系统的复杂性：由系统的状态所体现的复杂性；由系统的不同部分的不同时间标度所表现的复杂性；由种种不确定性带来的复杂性以及由系统的非线性带来的复杂性。

我们着重谈工业系统和自然界的系统，这里强调系统的动态行为。

2. 从信息处理、系统辨识到系统控制

当要控制一个系统时，首先要获得关于系统的有关信息。因此，首先关心的是信息的获取、信息的处理乃至信号的识别等。这里不仅要设计种种仪表来获取所要的信息，还包括既定仪表的如何利用，例如包括设计系统的运转方案以获得最多的信息或如何放置仪表以提供尽可能多的信息等。信息的处理当前也是迫切的实际问题：往往试验做得不少，也获得了不少信息，但没有很好地处理它以取得对系统的更多的认识。

这里还涉及信号识别乃至一般的模式识别，即如何从取得的信号以辨识信号源是哪一种类型。在模式识别中很重要的问题是特征提取，即要选取特征，使得便于分类和识别。这里不仅关心计算机的使用，还要考虑识别的方法。

有时对系统的动态摹写也不清楚，需要首先解决系统的辨识问题，即通过试验确定系统的摹写或称数学模型。过去，在物理学等基础自然科学中，人们习惯于从基本原理推导出现象的定量摹写。但"物理学家是在自然过程表现得最确实、最少受干扰的地方来考察自然过程的，或者，如有可能，是在保证过程以其纯粹形态进行的条件下从事实验的。"(马克思：《资本论》第一卷第一版序言) 在现代工程中，

---

① 原载：系统工程论文集，科学出版社，1981，8-12.

往往做不到从基本原理推导出现象的完整的数学描述，而要从系统的一组输入输出数值来确定数学模型。这就补充了从原理出发之不足。系统辨识的思想反过来会影响自然科学的研究。我们认为系统辨识的思想是非常重要而基本的。

如果不仅要认识自然，还要改造自然，就不仅需要描述自然界固有的运动，还要把认为的外力，即控制，加到自然界上。这样，控制超出了原来自动控制的范围。当然有些系统目前还谈不上控制。

总之，信息、辨识和控制是研究系统的基本概念。

近年来国内有些同志研究了大系统，特别考虑了大系统的分散控制、分层递阶控制等，本文则从另外角度看待复杂性。

3. 分布参数系统

分布参数的特点乃是其中的状态不是用一组有穷多个数量刻画，用数学的说法，即系统状态不表达成有穷维矢量，而是一种场 —— 经典物理学中的场，例如温度场、浓度场、连续介质的速度场、弹性变形等。场要用无穷多个参数表达；在大多数场合，参数分布于一个空间区域上，即作为场，它不仅随时间变化，而且随空间位置变化。正因为这样，称这种系统为分布参数系统或无穷维系统，后一名词反映了物理上的无穷自由度。对于处理这种系统，数学中有现成的、专门研究无穷自由度系统的定量行为的工具，即研究无穷维线性空间及其中的变换（映像、算子）的分析学 —— 泛函分析。从有穷维系统发展到无穷维系统，其复杂性可以说是一种飞跃。国内温度控制，弹性振动的控制的工作属于分布参数系统的控制，油田储层参数与储层面积的辨识乃是典型的分布参数系统的辨识问题。

在分布参数系统中有时不仅涉及一种场，而是同时涉及两种以上的场，它们交互作用。例如涉及流体的问题中，往往同时考虑温度。地球大气就是在太阳辐射作用下一个自行镇定、自寻最优运转状态的系统，其描述包括气流速度场、温度场、压力场等等。一个小小的液浮陀螺的温度控制也呈现了类似的复杂性。

即使受控系统是分布参数的，若控制回路由电阻、电容等构成，则仍是集中参数系统。这种闭回路系统是分布参数系统与集中参数系统的耦合。又如在导弹的弹性振动控制中，弹性变形造成的局部角度、角速度与弹体刚性运动的姿态角及其变化率同时由敏感元件感受而被输送进控制回路形成反馈，因而实际系统中耦合的部分包括了弹性振动、刚性运动与控制器三个部分。又如深湖的湖沼模型也是集中参数系统与分布参数系统的耦合：为了把湖水中的温度、水藻、营养物、溶解的氧以及其它相互作用的水品质成分，随空间位置和随时间的变化计算出来，必须把流体流动, 热与质量的传递, 空气与水相互作用以及化学的、生物学的反应等等的详细数学描述作出来, 从而必须把生物学、水化学与水文学的种种概念有机地且适当地组合起来以便建立水品质模型。这里自然也是集中参数系统与分布参数系统的耦合。

分布参数系统与大家所熟悉的集中参数系统有着许多本质的不同。如果就集中参数系统来说, 完全能控性与完全能观测性都是系统本身的整体属性, 那么, 对于分布参数系统来说, 能控性、能观测性则分别与控制器和量测仪表在系统中所安放的位置有关。于是还要提出新的问题: 量测仪表的最优置放, 即把它们置放在怎样的位置上才能提供极大量的信息。分布参数系统的辨识自然也与能观测性有关。

对于分布参数系统来说, 控制量有时只能加在边界上, 这叫做边界值控制, 若边界的位置本身就是控制量, 则叫做边界控制。同样有边界值观测 (只能量测边界上的变量值) 与未知边界值乃至未知边界的辨识问题。

过去, 作为初步近似, 有些系统被描述成集中参数系统, 例如化学反应中不计各化学组分的浓度随位置的变化。但更确切的考虑必须把它看作分布参数的系统。实际上, 前面已经指出, 化学组分的浓度是场。同样, 平常把电力系统看作大规模的集中参数系统。但当研究电力站馈入主传输线的发电方案的最优控制时, 为了使发电系统经济运转, 必须随载荷分布按时间的变化调整各发电源的发电水准 (在关于极大发电容量的限制之下)。这样的问题仍是分布参数系统的控制。

有时系统的状态并非是有穷维或无限维线性空间中的元, 而属于一微分流形。例如在考虑大角度姿态控制时, 由于三维空间旋转在大角度时不满足矢量加法的规律, 它们不能看作线性空间中的元。这就要用微分几何工具来研究这种系统的控制与辨识。

4. 多重时间标度问题

大系统常包括许多大、小回路, 这些局部的闭环反馈系统的时间常数互不相同, 有时甚至相差很大。这就叫做多重时间标度的问题。特别当系统很大或很复杂时, 若不考虑时间标度的数量级之不同就会带来很多麻烦。例如原子核反应堆是很复杂的动态系统, 其中各部分的时间常数相差很大, 中子动力学是快过程, 时间常数约为 0.1 秒。执行元件与代表动力学的典型时间常数是几分之一秒到一秒。燃料的热动力学是几秒的数量级。减速剂与冷却剂通道中热传递以及水力学是几秒钟到一分钟的数量级。通过热线路的热传递则需一至几分钟。氙振荡的时间周期是几天。由燃料消耗引起的停烧现象的时间标度还要更长。

近年来, 应用数学中的奇异摄动法, 多重时间标度法、匹配渐近展开法对处理这类问题显示了力量。

5. 带种种不确定因素的控制系统

系统中不确定因素的出现带来了复杂性, 这里简略地谈几种不确定性。

5.1 带随机干扰的控制系统

这是带不确定因素的控制系统理论中发展得较早的一种。受控系统的摹写远非理想, 有模型噪声出现, 量测仪表也带来了量测噪声。在很多情况下, 往往能假定这两种噪声的统计特征事先可以知道。在研究这类系统的反馈时, 首先依靠量测数据与系统的动态模型作出系统状态的极小方差估计, 然后用状态的估计值代替不确切知道的状态本身来作反馈, 以实现闭环控制。这种先估值 (滤波) 再反馈 (控制) 的分两步走的作法叫做分离原理。这种处理方法当模型噪声与量测噪声的统计特征知道得较确切时效果显著。

对于雷达一类的热噪声, 用高斯模型或其稍稍的推广是可以的, 于是用极小方差递归滤波 (即 Kalman 滤波) 及其各种推广或简化形式很有效。但量子电子学的发展、激光的发明使得有可能在光学频率上作信息传输。在这种频率范围中, 量子能量 $h\nu$ 与热能 kT 的大小相比拟, 量子效应成为重要的。因此, 在设计处理量子信号的系统时必须超出像热噪声那样的经典限制。这种量子随机滤波器需用概率算子值测度等较高的数学工具。

5.2 环境的变化引起的不确定性

例如飞机在空中飞行时遇到预料以外的气流, 使原设计的控制系统不适用了, 甚至造成失控。在实用上, 要求控制系统有自行调整其控制方案以适应环境变化的能力。目前已能使用的自适应控制器共有两种: 模型参考系统与自校准调节器。后者自己实时辨识出来环境变化并按照环境新情况自行校准其调节作用。国外这种办法在自适应自动驾驶仪的设计上与工业过程控制上均已实用, 很有成效。

5.3 模糊系统与模糊控制

另一种不确定性能用近年发展起来的模糊集论处理, 并已用于图像识别等方面。

6. 非线性系统

过去常把非线性系统线性化，例如环绕某种标称状态线性化 —— 仅考虑其对标称状态的偏离量。但线性的分析方法常会丢失一些重要现象。近年各种不同学科领域中非线性系统的研究与数学中非线性分析与微分流形理论的发展结合，使得对许多非线性自然现象与工程现象获得了更深刻的认识。这种定性的方法与数值分析、计算机仿真密切配合，将使我们对非线性这种复杂系统能较好地掌握。

多种非线性问题中出现分岔现象。非线性问题一般有多重解。在有多重平衡点的情形，外界的干扰能使系统从一个平衡状态跳跃到另一个平衡状态，而当这些平衡状态有的稳定有的不稳定时，系统就有可能失稳。在数学描述下，依赖于某参数的非线性方程随参数变化走过某临界值时，可能从仅有唯一平衡解过渡到有多重平衡解，或随参数的变化在原来平衡解处出现周期解，即极限环或振荡。生物学中许多振荡属于这种类型。

一个值得关心的问题是系统的结构稳定性。粗略地说，系统叫做结构稳定是指其状态方程的微小扰动不改变方程解的几何模式，或不改变其临界点的类型。法国数学家 R.Thom 的突变理论讨论了结构稳定性，值得从系统科学的角度注意。从分岔、突变理论研究生态系统，已受到注意。

还有比利时 I.Prigogine 的理论也值得注意。他从化学反应、生物现象等研究结构、稳定性与起伏，并认为稳定性也是社会学、经济科学所关心的。他认为自然规律有两种形式：一种适用于平衡状态附近的情形，这里热力学起着统治作用，其演化导致任何组织的不断解体，即初始条件所引进的结构逐渐消失；另一种适用于远离平衡状态的情形，例如在生物学、社会学中，进化使组织逐渐增加，导致创造出更为复杂的结构。这些看法显然也应是系统科学工作者所应关心的。

非线性系统的研究在国外已经很热闹，值得我们关注。

7. 结　束　语

以上只是用提纲方式提出复杂系统研究中值得关心的一些问题。由于时间限制，这里对于涉及的各问题都不能详述了。详细的阐述以及有关参考资料将另外发表。

　　于景元，中国航天系统科学与工程研究院研究员、博士生导师，曾任 710 所副所长、科技委主任，中国系统工程学会副理事长、中国社会经济系统分析研究会副理事长，中国软科学研究会副理事长，国家软科学研究指导委员会委员，国家人口和计划生育委员会人口专家委员会委员，第四届国务院学位委员会委员、国务院学位委员会"系统科学"学科评审组成员，国家自然科学基金委员会管理科学部专家评审组成员等。

　　于景元的研究领域为控制论、系统工程、系统科学及其应用研究。他在系统工程方面都进行过大量研究工作。他在钱学森院士指导下创建系统学方面进行了许多创新工作。

　　于景元在国内外已出版著作 13 部，在中外期刊发表论文 170 余篇。他的研究成果曾获得国家自然科学奖二等奖一项、国家科技进步奖一等奖一项、二等奖两项、三等奖两项，部级科技进步奖一等奖、二等奖等多项。还获得过第三届"中华人口奖科学技术奖"、国际数学建模学会最高奖"艾伯特·爱因斯坦奖"、美国东西方中心"杰出贡献奖"等奖项。

于景元

从系统思想到系统实践的创新——钱学森系统研究的成就和贡献

1. 系统科学和系统论

2. 复杂巨系统和系统方法论

3. 系统工程和系统实践论

从系统思想到系统实践的创新
—— 钱学森系统研究的成就和贡献①

于景元②

摘要： 本文介绍了钱学森从系统思想到系统实践创新过程所取得的成就和贡献，包括建立系统科学体系与系统认识论、系统综合集成方法体系与系统方法论以及系统工程与系统实践论。它们分别反映了钱学森系统科学思想、系统综合集成思想和系统实践思想也就是系统工程思想。这些成就具有重要的科学价值和实践意义以及现实意义。

关键字： 系统科学，综合集成，系统工程，钱学森

2016 年 4 月 24 日是首个中国航天日。同时，也是中国航天 60 周年。人们很自然会想起中国航天事业的开创者和奠基人 —— 钱学森。而 2016 年又恰好是钱老诞辰 105 周年，这些都引起我们对钱老的深切回忆和无限怀念。本文对钱老从系统思想到系统实践整个创新过程所取得的成就和贡献作些介绍，以此来纪念这位伟大的科学家和思想家。

钱学森的一生是科学的一生、创新的一生和辉煌的一生。在长达 70 多年丰富多彩的科学生涯中，钱老建树了许多科学丰碑，对现代科学技术的发展和我国社会主义现代化建设，都做出了重大贡献。

钱学森的科学精神与品德、科学思想与方法、科学成就与贡献，是留给我们宝贵的知识财富、思想财富和精神财富。我们应该认真学习、研究和应用并发扬光大。

以导弹、卫星等航天科技为代表的大规模科学技术工程，既有科学层次上的理论问题要研究，又有技术层次上的高新技术要开发，同时还要把这些理论和技术应用到工程实践中，生产出产品。如何把成千上万人组织起来，以较少的投入在较短

---

① 原文发表于《系统工程理论与实践》2016 年第 12 期，作者在原文基础上进行了补充.
② 中国航天系统科学与工程研究院.

时间内，研制出高质量、高可靠的型号产品，这不仅需要科学和技术创新，还需要一套科学的组织管理方法与技术。

钱老回国前，已在应用力学、喷气推进以及火箭与导弹研究方面取得了举世瞩目的成就，同时还创建了"物理力学"和"工程控制论"，成为国际上著名科学家。工程控制论已跨出了自然科学领域，而进入到系统科学领域。系统科学思想、理论方法与技术，使钱老具有更开阔的学术视野和更广泛的学术优势。正是以上这些科学技术成就和优势，在开创我国航天事业过程中，钱老始终处在"科技主帅"的位置上。

钱老在开创我国航天事业中，同时也开创了一套既有普遍科学意义，又有中国特色的系统工程管理方法与技术。当时研制体制上是规划、研究、设计、实验、试制和生产一体化；在组织管理上是总体设计部和两条指挥线的系统工程管理方式。实践已证明了这套组织管理方法的科学性和有效性。从今天来看，就是在当时条件下，把科学技术创新、组织管理创新和体制机制创新有机结合起来，实现了综合集成创新，从而走出了一条发展我国航天事业自主创新和协同创新的道路，使我国航天事业一直在持续发展。

航天系统工程的成功实践，不仅开创了大规模科学技术工程实践的系统工程管理范例，而且也为钱老后来发展系统工程、建立系统科学体系和系统论提供了雄厚和坚实的实践基础。

1978年，钱学森等发表了《组织管理的技术 —— 系统工程》一文[1]，明确提出了系统工程是组织管理系统的技术，是对所有系统都适用的技术和方法。这篇文章产生了广泛而深远的学术影响，具有里程碑的意义。当时国际上对系统工程的认识还很混乱，呈现出"人各一词、莫衷一是"的局面。这篇文章却使系统工程呈现出"分门别类、共居一体"的新局面。

20世纪80年代初钱老从科研一线领导岗位上退下来以后一直到晚年，就把全部精力投入到学术研究之中。这一时期，钱老学术思想之活跃、涉猎领域之广泛，原始创新性之强，在学术界是十分罕见的。在这个时期中，钱老花费很大心血去大力推动系统工程在各个领域中的应用；同时又开始了创建系统学和建立系统科学体系与系统论的工作。在创建系统科学过程中，提出了开放的复杂巨系统及其方法论，由此又开创了复杂巨系统科学与技术这一新的科学领域。这些成就标志着钱学森系统思想、系统理论、系统方法和系统技术与系统应用有了新的进展，达到了新的高度，进入了新的阶段。

在这个阶段中，从系统思想到系统实践的整个创新链条上，在工程、技术、科学直到哲学的不同层次上，钱老都做出了开创性的系统贡献。不仅建立了系统科学和复杂巨系统科学体系以及综合集成方法体系，同时还把系统工程从工程系统工程发展到了复杂巨系统工程和社会系统工程，并将其应用到更广泛和更复杂的社会实践中。在取得这些成就的过程中，也就形成了钱学森系统科学思想和系统论，这又大大的丰富和发展了系统思想。

从现代科学技术发展趋势和特点来看，以下几个主要方面都与系统科学密切相关：

（1）现代科学技术发展呈现出既高度分化又高度综合的两种明显趋势。

一方面已有的学科和领域越分越细，新学科新领域不断产生；另一方面是不同学科、不同领域相互交叉、结合与融合，向综合集成的整体化方向发展，这两者是相辅相成，相互促进的。系统科学和系统工程就是这后一发展趋势上的科学技术。

（2）复杂性科学的兴起引起国内外的高度重视。

20世纪80年代中期，国外出现了复杂性研究。复杂性研究和复杂性科学是处在高度综合这个趋势上，与系统科学有着密切的关系。

复杂性研究和复杂科学的开创者之一 Gell Mann，在他所著的《夸克与美洲豹》一书中，曾写道："研究已表明，物理学、生物学、行为科学，甚至艺术与人类学，都可以用一种新的途径把它们联系到一起，有些事实和想法初看起来彼此风马牛不相及，但新的方法却很容易使它们发生关联。"

这里，Gell Mann 并没有说明这个新途径和新方法是什么，但从他们后来关于复杂系统和复杂适应系统的研究中可以看出，这个新途径就是系统途径，这个新方法就是系统方法。

（3）科学方法论的发展。

从近代科学到现代科学的发展过程中，科学方法论经历了从还原论方法到整体论方法再到系统论方法。系统论方法的产生与系统科学的出现和发展紧密相关。

（4）以计算机、网络和通信为核心的现代信息技术革命，改变了人类思维方式，出现了人、机结合以人为主的思维方式，这种思维方式比人脑思维具有更强的思维能力和创造性，使人类更加聪明了，有能力去认识和处理更加复杂的事物。这种思维方式也为系统论方法提供了理论基础和技术基础。

（5）创新方式的转变。

由以个体为主向以群体为主的创新方式转变，出现了创新体系，特别是国家创新体系已成为创新驱动发展的强大动力。

（6）现代社会实践越来越复杂，越复杂的社会实践其综合性和系统性就越强，因而也就更加需要系统科学和系统工程。

钱学森系统科学思想和系统科学体系集中地体现出以上这些特点。

1. 系统科学和系统论

现代科学技术的发展，已取得巨大成就。钱老指出，今天人类正探索着从渺观、微观、宏观、宇观直到胀观五个层次时空范围的客观世界（见图1）。其中宏观层次就是我们所在的地球，在地球上又出现了生命和生物，产生了人类和人类社会。

客观世界包括自然的和人工的，而人也是客观世界的一部分。客观世界是一个相互联系、相互作用、相互影响的整体，因而反映客观世界不同领域、不同层次的科学知识也是相互联系、相互作用、相互影响的整体。

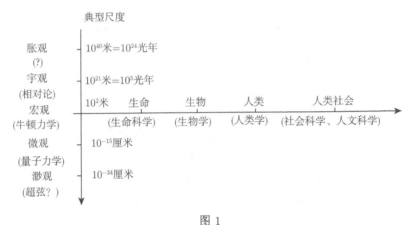

图 1

钱学森指出，系统科学的出现是一场科学革命。科学革命是人类认识客观世界的飞跃，那么，系统科学究竟是研究什么的学问，又为什么如此重要？

从辩证唯物主义观点来看，客观世界的事物是普遍联系的，正如马克思所说"世界是普遍联系的整体，任何事物内部各要素之间及事物之间都存在着相互影响，相互作用和相互制约的关系。"既然客观事物是普遍联系的整体，那就一定有其客观规律，我们也就应该研究、认识和运用这些规律。

能够反映和概括客观事物普遍联系这个实际和本质特征最基本和最重要的概念就是系统。所谓系统是指由一些相互联系、相互作用、相互影响的组成部分构成并具有某些功能的整体。这样定义的系统在客观世界是普遍存在的。客观世界包括自然、社会和人自身。马克思这里所说的客观世界是普遍联系的整体就是辩证唯物主义系统思想。

正是从系统思想出发并结合现代科学技术的发展，钱学森明确提出，系统科学是从事物的整体与部分、局部与全局以及层次关系的角度来研究客观世界的，也就是从系统角度来研究客观世界。系统是系统科学研究和应用的基本对象。

虽然系统科学和自然科学、社会科学等不同，但它们有深刻的内在联系。系统科学能把自然科学、社会科学等领域研究的问题联系起来作为系统进行综合性、整体性研究。这就是为什么系统科学具有交叉性、综合性和整体性的原因。也正是这些特点，使系统科学处在现代科学技术发展综合集成的整体化方向上，并已成为现代科学技术体系中一个新兴的科学技术分支。

系统结构、系统环境和系统功能是系统的三个重要基本概念。系统结构是指系统内部，系统环境是指系统外部。系统的一个最重要特点，就是系统在整体上具有其组成部分所没有的性质，这就是系统的整体性。系统整体性的外在表现就是系统功能。系统的这个性质意味着，对于系统应首先注重整体，如果仅着眼于部分，即使组成部分都认识了，并不等于认识了系统整体，系统整体性不是它组成部分性质的简单"拼盘"，而是系统整体涌现的结果。

系统研究表明，系统结构和系统环境以及它们之间的关联关系，决定了系统的整体性和功能，这是一条非常重要的系统规律。从理论上来看，研究系统结构与环境如何决定系统整体性和功能，揭示系统存在、演化、协同、控制与发展的一般规律，就成为系统学，特别是复杂巨系统学的基本任务。国外关于复杂性研究，实际上也属于系统理论方面的探索。

另一方面，从应用角度来看，根据上述系统原理，为了使系统具有我们期望的功能，特别是最好的功能，我们可以通过改变和调整系统结构或系统环境以及它们之间关联关系来实现。但系统环境并不是我们想改变就能改变的，在不能改变的情况下，只能主动去适应。而系统结构却是我们能够组织、调整、改变和设计的。这样，我们便可以通过组织、改变、调整系统组成部分或组成部分之间、层次结构之间以及与系统环境之间的关联关系，使它们相互协调与协同，也就是把整体和部分辩证统一起来，从而在系统整体上涌现出我们希望的和最好的功能，这就是系统组织管理、系统控制和系统干预（intervention）的基本内涵，是系统管理、系统控制等学科要研究的基本科学问题，也是系统工程、控制工程等所要实现的主要目标。

科学是认识世界的学问，技术是改造世界的学问，而工程是改造客观世界的实践。从这个角度来看，系统科学和自然科学等类似，也有三个层次的知识结构，即工程技术（应用技术）、技术科学（应用科学）和基础科学。

在钱学森建立的系统科学体系中：

（1）处在工程技术或应用技术层次上的是系统工程，这是直接用来改造客观世界的工程技术，但和其它工程技术不同，它是组织管理系统的技术；

（2）处在技术科学层次上直接为系统工程提供理论方法的有运筹学、控制论、信息论等；

（3）处在基础科学层次上属于基础理论的便是系统学和复杂巨系统学。

目前国外还没有这样一个清晰和严谨的系统科学体系结构。

在建立系统科学体系的同时，钱老还提出和建立了系统论。系统论属于哲学层次，是连接系统科学与辩证唯物主义哲学的桥梁。一方面，辩证唯物主义通过系统论去指导系统科学的研究；另一方面，系统科学的发展经系统论的提炼又丰富和发展了辩证唯物主义。

关于系统论，钱老曾明确指出，我们所提倡的系统论，既不是整体论，也非还原论，而是整体论与还原论的辩证统一 [2]。根据系统论这个思想，对于系统问题首先要着眼于系统整体，同时也要重视系统组成部分并把整体和部分辩证统一起来，最终是从整体上研究和解决问题，既超越了还原论又发展了整体论，这就是系统论的优势所在。

运用系统论去研究和认识系统，揭示系统客观规律和建立系统的知识体系，就是系统认识论。从这个角度来看，系统科学及其体系就是系统认识论的体现。

综上所述，系统思想是辩证唯物主义哲学内容，系统科学体系和系统论的建立，就使系统思想从一种哲学思维发展成为系统的科学体系，系统科学体系是系统科学思想在工程、技术、科学直到哲学不同层次上的体现。这就使系统思想建立在科学基础上，把哲学和科学统一起来，也把理论和实践统一起来了，这就形成了钱学森系统科学思想。钱学森系统科学思想丰富和发展了辩证唯物主义系统思想。

2. 复杂巨系统和系统方法论

在系统科学体系中，系统学和复杂巨系统学是需要建立的新兴学科，这也是钱老最先提出来的。

20 世纪 80 年代中期，钱老以 "系统学讨论班" 的方式开始了创建系统学的工作。从 1986 年到 1992 年的 7 年时间里，钱老参加了讨论班的全部学术活动。在讨论班上，钱老根据系统结构的复杂性提出了系统新的分类，将系统分为简单系统、简单巨系统、复杂系统、复杂巨系统和特殊复杂巨系统。如生物体系统、人体系统、人脑系统、社会系统、地理系统、星系系统等都是复杂巨系统。其中社会系统是最复杂的系统了，又称作特殊复杂巨系统。这些系统又都是开放的，与外部环境有物质、能量和信息的交换，所以又称作开放复杂巨系统 [3]。

在讨论班的基础上，钱老明确界定系统学是研究系统结构与功能（系统演化、协同与控制）一般规律的科学。形成了以简单系统、简单巨系统、复杂系统、复杂巨系统和特殊复杂巨系统（社会系统）为主线的系统学基本框架，构成了系统学的主要内容，奠定了系统学的科学基础，指明了系统学的研究方向。

对于简单系统和简单巨系统都已有了相应的方法论和方法，也有了相应的理论并在继续发展之中。但对复杂系统、复杂巨系统和社会系统却不是已有方法论和方法所能处理的，需要有新的方法论和方法。所以，关于复杂系统和复杂巨系统（包括社会系统）的理论研究，钱老又称作复杂巨系统学。

从近代科学到现代科学的发展过程中，自然科学采用了从定性到定量的研究方法，所以自然科学被称为"精密科学"。而社会科学、人文科学等由于研究的问题更加复杂，通常采用的是从定性到定性的思辨、描述方法，所以这些学问被称为"描述科学"。当然，这种趋势随着科学技术的发展也在变化，有些学科逐渐向精密化方向发展，如经济学、社会学等。

从方法论角度来看，在这个发展过程中，还原论方法发挥了重要作用，特别在自然科学领域中取得了很大成功。还原论方法是把所研究的对象分解成部分，以为部分研究清楚了，整体也就清楚了。如果部分还研究不清楚，再继续分解下去进行研究，直到弄清楚为止。按照这个方法论，物理学对物质结构的研究已经到了夸克层次，生物学对生命的研究也到了基因层次。毫无疑问，这是现代科学技术取得的巨大成就。但现实的情况却使我们看到，认识了基本粒子还不能解释大物质构造，知道了基因也回答不了生命是什么。这些事实使科学家认识到"还原论不足之处正日益明显。这就是说，还原论方法由整体往下分解，研究得越来越细，这是它的优势方面，但由下往上回不来，回答不了高层次和整体问题，又是它的不足一面。所以仅靠还原论方法还不够，还要解决由下往上的问题，也就是复杂性研究中的所谓涌现问题。著名物理学家李政道对于 21 世纪物理学的发展曾讲过："我猜想 21 世纪的方向要整体统一，微观的基本粒子要和宏观的真空构造、大型量子态结合起来，这些很可能是 21 世纪的研究目标"[4]。这里所说的把宏观和微观结合起来，就是要研究微观如何决定宏观，解决由下往上的问题，打通从微观到宏观的通路，把宏观和微观统一起来。

同样道理，还原论方法也处理不了系统整体性问题，特别是复杂系统和复杂巨系统（包括社会系统）的整体性问题。从系统角度来看，把系统分解为部分，单独研究一个部分，就把这个部分和其它部分的关系切断了。这样，就是把每个部分都研究清楚了，也回答不了系统整体性问题。意识到这一点更早的科学家是贝塔朗菲，他是一位分子生物学家，当生物学研究已经发展到分子生物学时，用他的话来说，对生物在分子层次上了解得越多，对生物整体反而认识得越模糊。在这种情况下，于 20 世纪 40 年代他提出了一般系统论，实际上是整体论，强调还是从生物体系统的整体上来研究问题。但限于当时的科学技术水平,支撑整体论的具体方法体系没有发展起来,还是从整体论整体、从定性到定性,论来论去解决不了问题。正如钱老所指出的 "几十年来一般系统论基本上处于概念的阐发阶段,具体理论和定量结果还很少"。但整体论的提出,确是对现代科学技术发展的重要贡献。

20 世纪 80 年代中期,国外出现了复杂性研究。关于复杂性,钱老指出:"凡现在不能用还原论方法处理的,或不宜用还原论方法处理的问题,而要用或宜用新的科学方法处理的问题,都是复杂性问题,复杂巨系统就是这类问题"[3]。系统整体性,特别是复杂系统和复杂巨系统(包括社会系统)的整体性问题就是复杂性问题。所以对复杂性研究,国外科学家后来也 "采用了一个 '复杂系统' 的词,代表那些对组成部分的理解不能解释其全部性质的系统。" 国外关于复杂性和复杂系统的研究,在研究方法上确实有许多创新之处,如他们提出的遗传算法、演化算法、开发的 Swarm 软件平台、基于 Agent 的系统建模、用 Agent 描述的人工生命、人工社会等等。在方法论上,虽然也意识到了还原论方法的局限性,但并没有提出新的方法论。

方法论和方法是两个不同层次的问题。方法论是关于研究问题所应遵循的途径和研究路线,在方法论指导下是具体方法问题,如果方法论不对,再好的方法也解决不了根本性问题。所以方法论更为基础也更为重要。

如前所述,钱学森明确指出系统论是整体论与还原论的辩证统一。根据这个思想,钱老又提出将还原论方法与整体论方法辩证统一起来,形成了系统论方法。在应用系统论方法时,也要从系统整体出发将系统进行分解,在分解后研究的基础上,再综合集成到系统整体,实现系统的整体涌现,最终是从整体上研究和解决问题,由此可见,系统论方法吸收了还原论方法和整体论方法各自的长处,同时也弥补了各自的局限性,既超越了还原论方法,又发展了整体论方法,这就是把整体和部分辩证统一起来研究和解决系统问题的系统方法论,系统方法论反映了钱学森系统综合集成思想。这是钱学森在科学方法论上具有里程碑意义的贡献,它不仅大大促进了系统科学的发展,同时也必将对自然科学、社会科学等其它科学技术部门产生深刻的影响。

20 世纪 80 年代末到 90 年代初,结合现代信息技术的发展,钱学森又先后提出 "从定性到定量综合集成方法"(Meta-synthesis)及其实践形式 "从定性到定量综合集成研讨厅体系"(以下将两者合称为综合集成方法),并将运用这套方法的集体称为总体设计部。这就将系统方法论具体化了,形成了一套可以操作且行之有效的方法体系和实践方式。从方法和技术层次上看,它是人·机结合、人·网结合以人为主的信息、知识和智慧的综合集成技术。从应用和运用层次上看,是以总体设计部为实体进行的综合集成工程。

综合集成方法的实质是把专家体系，数据、信息与知识体系以及计算机体系有机结合起来，构成一个高度智能化的人·机结合与融合体系，这个体系具有综合优势、整体优势、智能和智慧优势。它能把人的思维、思维的成果、人的经验、知识、智慧以及各种情报、资料和信息统统集成起来，从多方面的定性认识上升到定量认识。

钱老提出的人·机结合以人为主的思维方式是综合集成方法的理论基础。从思维科学角度来看，人脑和计算机都能有效处理信息，但两者有很大差别。关于人脑思维，钱老指出 "逻辑思维，微观法；形象思维，宏观法；创造思维，宏观与微观相结合。创造思维才是智慧的源泉，逻辑思维和形象思维都是手段"[5]。

现在的计算机在逻辑思维方面确实能做很多事情，甚至比人脑做得还好还快，善于信息的精确处理，已有许多科学成就证明了这一点，如著名数学家吴文俊的机器证明定理。但在形象思维方面，今天的计算机还不能给我们以很大的帮助。至于创造思维就只能依靠人脑了。然而计算机在逻辑思维方面毕竟有其优势。如果把人脑和计算机结合起来以人为主的思维方式，那就更有优势，思维能力更强，人将变得更加聪明，它的智能和智慧与创造性比人要高，比机器就更高，这也是 1+1>2 的系统原理 (见图 2)。

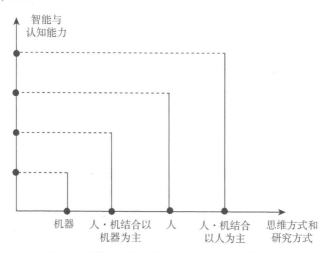

图 2　思维方式和研究方式与认知能力的关系

从图 2 可以看出，人·机结合以人为主的思维方式，它的智能、智慧和认知能力处在最高端。这种聪明人的出现，预示着将出现一个 "新人类"，不只是人，是人·机结合的新人类。

信息、知识和智慧是三个不同层次的问题。有了信息未必有知识，有了信息和知识也未必就有智慧。信息的综合集成可以获得知识，信息和知识的综合集成可以获得智慧。人类有史以来是通过人脑获得知识和智慧的。现在由于以计算机为主的现代信息技术的发展，我们可以通过人·机结合以人为主的方法来获得信息、知识和智慧，而且比人脑还有优势，这是人类发展史上具有重大意义的进步。

综合集成方法就是这种人·机结合以人为主获得信息、知识和智慧的方法，它是人·机结合的信息处理系统、也是人·机结合的知识创新系统、还是人·机结合的智慧集成系统。按照我国传统文化有"集大成"的说法，即把一个非常复杂的事物的各个方面综合集成起来，达到对整体的认识，集大成得智慧，所以钱老又把这套方法称为"大成智慧工程"。将大成智慧工程进一步发展，在理论上提炼成一门学问，就是大成智慧学。

综合集成方法既可用于理论研究，也可用于应用研究。

从实践论和认识论角度来看，与所有科学研究一样，无论是复杂系统和复杂巨系统（包括社会系统）的理论研究还是应用研究，通常是在已有的科学理论、经验知识基础上与专家判断力（专家的知识、智慧和创造力）相结合，对所研究的问题提出和形成经验性假设，如猜想、判断、思路、对策、方案等等。这种经验性假设一般是定性的，它所以是经验性假设，是因为其正确与否，能否成立还没有用严谨的科学方式加以证明。在自然科学和数学科学中，这类经验性假设是用严密逻辑推理和各种实验手段来证明的，这一过程体现了从定性到定量的研究特点。

但对复杂系统和复杂巨系统（包括社会系统）由于其跨学科、跨领域、跨层次的特点，对所研究的问题能提出经验性假设，通常不是一个专家，甚至也不是一个领域的专家们所能提出来的，而是由不同领域、不同学科的专家构成的专家体系，依靠专家群体的知识和智慧，对所研究的复杂系统和复杂巨系统（包括社会系统）问题提出经验性假设。这就是为什么综合集成方法需要有专家体系。但要证明其正确与否，仅靠自然科学和数学中所用的各种方法就显得力所不及了。如社会系统、地理系统中的问题，既不是单纯的逻辑推理，也不能进行实验。但我们对经验性假设又不能只停留在思辨和从定性到定性的描述上，这是社会科学、人文科学中常用的方法。

系统科学是要走"精密科学"之路的，那么出路在哪里？这个出路就是人·机结合以人为主的思维方式和研究方式。采用"机帮人、人帮机"的合作方式，机器能做的尽量由机器去完成，极大扩展人脑逻辑思维处理信息的能力。通过人·机结合以人为主，实现信息、知识和智慧的综合集成。这里包括了不同学科、不同领域的科学理论和经验知识、定性和定量知识、理性和感性知识,通过人·机交互、反复比较、逐次逼近,实现从定性到定量的认识,从而对经验性假设正确与否做出科学结论。无论是肯定还是否定了经验性假设,都是认识上的进步,然后再提出新的经验性假设,继续进行定量研究,这是一个循环往复、不断深化的研究过程。

综合集成方法的运用是专家体系的合作以及专家体系与机器体系合作的研究方式与工作方式。具体来说是通过:(1)定性综合集成;(2)定性、定量相结合综合集成;(3)从定性到定量综合集成这样三个步骤来实现的。这个过程不是截然分开,而是循环往复、逐次逼近的。复杂系统与复杂巨系统(包括社会系统)问题,通常是非结构化问题,现在的计算机只能处理结构化问题。通过上述综合集成过程可以看出,在逐次逼近过程中,综合集成方法实际上是用结构化序列去逼近非结构化问题。

图 3 是综合集成方法用于决策支持问题研究的示意图。

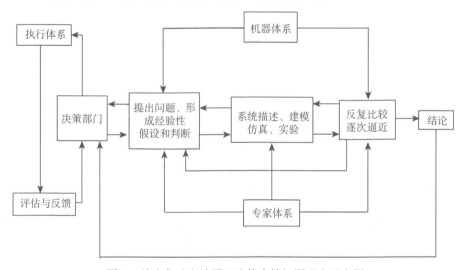

图 3　综合集成方法用于决策支持问题研究示意图

这套方法是目前处理复杂系统和复杂巨系统(包括社会系统)的有效方法,已有成功的案例证明了它的科学性和有效性。

综合集成方法的理论基础是思维科学,方法论和方法基础是系统科学与数学科学,技术基础是以计算机为主的现代信息技术和网络技术,哲学基础是系统论和辩证唯物主义的实践论与认识论。

从方法论和方法特点来看,综合集成方法本质上是用来处理跨学科、跨领域和跨层次问题研究的方法论和方法，它必将对系统科学体系不同层次产生重要影响，从而推动了系统科学的整体发展。

20 世纪 90 年代中期，钱老提出开创复杂巨系统的科学与技术。

一方面，由于有了综合集成方法，可以在科学层次上建立复杂巨系统理论，也就是综合集成的系统理论，它属于复杂巨系统学的内容。虽然这个一般理论目前尚未完全形成，但有了研究这类系统的方法论与方法，就可以逐步建立起这个一般理论来，这是一个科学新领域。

另一方面，在技术层次上运用综合集成方法可以发展复杂巨系统技术，也就是综合集成的系统技术，特别是复杂巨系统的组织管理技术，大大地推动了系统工程的发展。

系统工程是组织管理系统的技术，是组织管理系统规划、研究、设计、实现、试验和使用的技术和方法。它的应用首先是从工程系统开始的，如航天系统工程。但当我们用工程系统工程来处理复杂巨系统和社会系统时，处理工程系统方法就暴露出了局限性，它难以用来处理复杂巨系统和社会系统的组织管理问题，在这种情况下，系统工程方法也要发展。由于有了综合集成方法，系统工程可以用来组织管理复杂巨系统和社会系统了。这样，系统工程也就从工程系统工程发展到了复杂巨系统工程和社会系统工程，是现在就可以应用的组织管理复杂巨系统和社会系统的系统工程技术。

由于实际系统不同，将系统工程用到哪类系统上，还要综合集成与这个系统有关的科学理论、方法与技术。例如，用到社会系统上，就需要社会科学与人文科学等方面的知识。从这些特点来看，系统工程不同于其它技术，它是一种把整体和部分辩证统一起来的整体性技术、一类综合集成的系统技术、一门整体优化的定量技术。它体现了从整体上研究和解决系统管理问题的技术方法。正如钱老指出的："系统工程在组织管理技术和方法上的革命作用，也属于技术革命。"

钱老开创复杂巨系统的科学与技术，实际上是由综合集成思想、综合集成方法、综合集成理论、综合集成技术和综合集成工程所构成的综合集成体系，也就是复杂巨系统科学体系，在哲学层次上就是大成智慧学。这就把系统科学体系大大向前发展了，发展到了复杂巨系统科学体系。

现代科学技术的发展一方面呈现出高度分化的趋势；另一方面又呈现出高度综合的趋势。系统科学、复杂巨系统科学就是这后一发展趋势中最具有基础性和应用性的学问，它对现代科学技术发展，特别对现代科学技术向综合集成的整体化方向发展，必将产生重大影响，将成为一门 21 世纪的科学。

3. 系统工程和系统实践论

系统科学思想、系统科学和复杂巨系统科学体系，不仅有重要的科学价值，还有重要的实践意义。

从实践论观点来看，任何社会实践，特别是复杂的社会实践，都有明确的目的性和组织性，并有高度的综合性、系统性和动态性。社会实践通常包括三个重要组成部分：一是实践对象，就是干什么，它体现了实践的目的性；二是实践主体，是由谁来干和怎么干，它体现了实践的组织性；三是决策主体，它最终要决定干不干和如何干的问题。

从系统观点来看，任何一项社会实践，都是一个具体的实践系统，实践对象是个系统，实践主体也是系统且人在其中，把两者结合起来还是个系统。因此，社会实践是系统的实践，也是系统的工程。正如钱老所说："任何一种社会活动都会形成一个系统，这个系统的组织建立、有效运转就成为一项系统工程。"[3]

这样一来，有关社会实践或工程的组织管理与决策问题，也就成为系统的组织管理和决策问题。在这种情况下，系统科学思想、系统科学理论、方法与技术，应用到社会实践或工程的组织管理与决策之中，不仅是自然的，也是必然的，它的实质就是系统实践论。这就是为什么系统科学和系统工程具有广泛的应用性以及系统科学思想指导性的原因。

但在现实中，真正从系统角度去考虑和处理社会实践和工程问题并用系统工程去解决问题，还远没有深入到各类实践之中。人们在遇到涉及的因素多而又复杂且难于处理的社会实践或工程问题时，往往脱口而出的一句话就是：这是系统工程问题。这句话是对的，其实它包含两层含义：一层含义是从实践或工程角度来看，如上所述，这是系统的实践或系统的工程；另一层含义是从科学技术角度来看，既然是系统的工程或实践，它的组织管理就应该用系统工程技术去处理，因为系统工程就是直接用来组织管理系统的技术。可惜的是，人们往往只注意到了前者，相对于没有系统观点的实践来说，这也是个进步，但却忽视或不了解要用系统工程技术去解决问题。结果就造成了什么都是系统工程，但又没有用系统工程去解决问题的局面。

要把系统工程技术应用到实践中，必须有个运用它的实体部门。我国航天事业的发展就是成功的应用了系统工程技术。以导弹、卫星等航天科技为代表的大规模科学技术工程是一项复杂的社会实践，用图 4 说明：

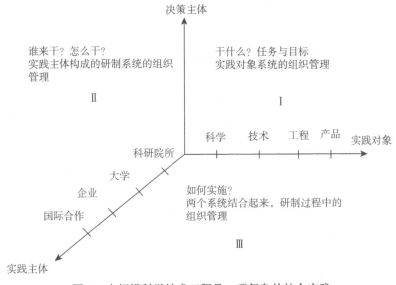

图 4　大规模科学技术工程是一项复杂的社会实践

应用系统工程到实践对象系统（第一平面 I），首先是从整体上研究和解决问题，即用哪些科学技术成果组成一个对象系统（工程系统），使其具有我们期望的功能。这就涉及系统结构、系统环境和系统功能。完成这项工作需要有个研究实体，这就是总体设计部。总体设计部是由熟悉这个对象系统的各方面专业人员组成，并由知识面较为宽广的专家（称为总设计师）负责领导。根据系统总体目标要求，总体设计部设计的是系统总体方案，是实现整个系统的技术途径。

总体设计部把型号工程系统作为它所从属更大系统的组成部分进行研制，对它所有技术要求都首先从实现这个更大系统的技术协调来考虑（型号系统的系统环境），总体设计部又把系统作为若干分系统有机结合的整体来设计，对每个分系统的技术要求都首先从实现整个系统技术协调的角度来考虑（型号系统的系统结构），总体设计部对研制中分系统之间的矛盾，分系统与系统之间的矛盾，都首先从总体目标（型号系统的系统功能）的要求来协调和解决。运用系统方法并综合集成有关学科的理论与技术，对型号工程系统结构、系统环境与系统功能进行总体分析、总体论证、总体设计、总体协调、总体规划，把整体和部分协调统一起来，其中包括使用计算机和数学为工具的系统建模、仿真、分析、优化、试验与评估，以求得满意的和最好的系统总体方案，并把这样的总体方案提供给决策部门作为决策的科学依据。一旦为决策者所采纳，再由相关部门付诸实施。航天型号总体设计部在实践中已被证明是非常有效的，在我国航天事业发展中，发挥了重要作用。

再看第二平面 II，根据已确定的总体方案，需要组织一个研制系统，要投入人力、财力、物力等资源。对这个研制系统的要求是合理和优化资源配置，以较低的成本，在较短的时间内研制出可靠的、高质量的对象系统（工程系统）。这也需要系统工程来组织管理这个系统。但和上述工程系统不同，这里组织管理的是研制系统和资源配置。在计划经济体制下，这个系统是靠行政力量进行组织管理的，在市场经济体制下，只靠行政系统已不完全行了，还需要市场这个无形的手。研制系统是由不同利益主体构成的，如何组织管理好这个系统，在今天来看，就显得更为复杂，这也正是需要我们创新发展的地方。

第三平面 III 是把对象系统和研制系统结合起来进行研制，这是个动态过程，既有工程系统科学技术方面的组织管理与协调，又有研制系统资源配置的组织管理与协调，这就形成了两条线，一条是总设计师负责的技术指挥线，另一条是总指挥负责的调度指挥线。这两条线也是相互协调和协同的。

上述总体设计部所处理的对象还是个工程系统，也称作工程系统工程。但在实践中，研制系统如何合理和优化配置资源问题，也需要总体设计。这两个系统是紧密相关的，把两者结合起来又构成了一个新的系统。这个新系统还涉及体制机制、发展战略、规划计划、政策措施以及决策与管理等问题。显然，这个新系统要比对象系统复杂得多，属于社会系统范畴。如果说工程系统主要综合集成自然科学技术的话，那么这个新的系统除了自然科学技术外，还需要社会科学与人文科学等。如何组织管理好这个系统，也需要系统工程，但工程系统工程是处理不了这类系统的组织管理问题，而需要的是社会系统工程。

应用社会系统工程也需要有个实体部门，这个部门就是前述运用综合集成方法的总体设计部，这个总体设计部与航天型号的总体设计部比较起来已有很大的不同，有了实质性的发展，但从整体上研究与解决系统管理问题的系统科学思想还是一致的。总体设计部运用综合集成方法、应用系统工程技术去研究和解决系统实践的组织管理问题，也就是把系统整体和组成部分辩证统一起来的系统工程管理，它是系统实践论的体现，没有这样的实体部门，应用系统工程也只能是句空话。

1991 年 10 月，在国务院、中央军委授予钱学森"国家杰出贡献科学家"荣誉称号仪式上，钱老在讲话中说："我认为今天的科学技术不仅仅是自然科学工程技术，而是人类认识客观世界、改造客观世界的整个知识体系，这个体系的最高概括是马克思主义哲学。我们完全可以建立起一个科学体系，而且运用这个体系去解决我们中国社会主义建设中的问题。"[6] 这里所说的科学体系，就是钱老建立的包括自然科学、社会科学、数学科学、系统科学、思维科学、人体科学、行为科学、军事科学、地理科学、建筑科学、文艺理论所构成的现代科学技术体系。见图 5。

人类认识世界和改造世界的知识体系

马克思主义哲学——人认识客观和主观世界的科学												哲学
性智 ←				→	量智							
	美学	建筑哲学	人学	军事哲学	地理哲学	人天观	认识论	系统论	数学哲学	唯物史观	自然辩证法	桥梁
文艺活动	文艺理论 文艺创作	建筑科学	行为科学	军事科学	地理科学	人体科学	思维科学	系统科学	数理科学	社会科学	自然科学	基础理论 / 技术科学 / 应用技术 / 前科学
实践经验知识库和哲学思维												
不成文的实践感受												

图 5 人类认识世界和改造世界的知识体系

现代科学技术体系为国家管理和建设提供了宝贵的知识资源和智慧源泉,我们应充分运用和挖掘这些知识和智慧,以集大成得智慧。而系统科学中的综合集成方法和大成智慧工程又为我们提供了有效的科学方法和有力的技术手段,以实现综合集成、大成智慧。这就是钱学森把系统科学特别是复杂巨系统科学和社会系统工程技术,运用到国家宏观层次组织管理的科学技术基础。为了把社会系统工程应用到国家层次上的组织管理,钱老曾多次提出建立国家总体设计部的建议,受到中央领导的高度重视和充分肯定。

目前国内还没有这样的研究实体,有的部门有点像,但研究方法还是传统的方法。总体设计部也不同于目前存在的各种专家委员会,它不仅是个常设的研究实体,而且以综合集成方法为其基本研究方法,并用其研究成果为决策机构服务,发挥决策支持作用。从现代决策体制来看,在决策机构下面不仅有决策执行体系,还有决策支持体系。前者以权力为基础,力求决策和决策执行的高效率和低成本;后者则以科学为基础,力求决策科学化、民主化和程序化。两个体系无论在结构、功能和作用上,还是体制、机制和运作上都是不同的,但又是相互联系相互协调和协同且两者优势互补,共同为决策机构服务。决策机构则把权力和科学结合起来,形成改造客观世界的力量和行动。

从我国实际情况来看,多数部门是把两者合二而一了。一个部门既要做决策执行又要作决策支持,结果两者都可能做不好,而且还助长了部门利益。如果有了总体设计部和总体设计部体系,建立起一套决策支持体系,那将是我们在决策与管理上的体制机制创新和组织管理创新,其意义和影响将是重大而深远的。

一个项目、一个单位、一个部门甚至一个国家的管理,都是不同类型系统的织织管理,系统管理的首要问题是从整体上去研究和解决问题,这就是钱老一直大力倡导的 "要从整体上考虑并解决问题"[7]。只有这样才能统揽全局,把所管理系统的整体优势发挥出来，收到"1+1>2"的效果，这就是基于系统实践论的系统工程管理方式，我国航天事业的发展就是成功的应用了系统工程管理方式。但在现实中，从微观、中观直到宏观的不同层次上，都存在着部门分割条块分立，各自为政自行其是，只追求局部最优而置整体于不顾。这里有体制机制问题，也有部门利益问题，还有还原论思维方式的深刻影响。这种基于还原论的分散管理方式，使得系统整体优势无法发挥出来，其最好的效果也就是 1+1=2，弄不好还可能是"1+1<2"，而后一种情况可能是多数。

通过以上所述可以看出，钱学森所建立的系统论，不仅包括了系统认识论和系统方法论，还包括系统实践论。它不同于贝塔郎菲的一般系统论，后者还是整体论，正如钱老所说："我们说的系统论不是贝塔郎菲的'一般系统论'，比一般系统论深刻多了。"

系统认识论反映了钱学森的系统科学思想；系统方法论反映了钱学森的系统综合集成思想；系统实践论反映了钱学森的系统实践思想也就是系统工程思想。这样，系统科学思想、系统综合集成思想和系统工程思想，就构成了钱学森系统思想的主要内容，钱学森系统思想和钱学森系统论是对辩证唯物主义系统思想的重要发展和丰富。

从钱学森系统思想到系统实践所取得的成就和贡献可以看出，钱学森不仅是位科学家也是一位思想家，他的知识结构不仅有学科和领域的深度，又有跨学科、跨领域的广度，还有跨层次的高度。如果把深度、广度和高度看作三维结构的话，那么钱学森就是一位三维科学家，是一位难得的科学帅才。

以上介绍的钱学森系统研究成就和贡献，只是钱老科学技术成就和贡献的一部分。从钱学森一生全部科学技术成就来看，钱学森是中国现代史上一位伟大的科学家和思想家、科学大师和科学泰斗，也是一位极富远见的战略科学家和科学领袖。

一代宗师，百年难遇，钱学森是中华民族的骄傲，也是中国人民的光荣。

参考文献

[1] 钱学森. 论系统工程（新世纪版）. 上海：上海交通大学出版社，2007.

[2] 钱学森. 钱学森文集卷五. 北京：国防工业出版社，2012.

[3] 钱学森. 创建系统学（新世纪版）. 上海：上海交通大学出版社，2007.

[4] 李政道. 前沿科学热点话题卷首语. 科学世界，No.12000.

[5] R.Gallaghe, T.Appenller. 超越还原论. 复杂性研究文集. 戴汝为主编，1999.

[6] 钱学森. 关于思维科学. 上海：上海人民出版社，1986.

[7] 钱学森. 在授奖仪式上的讲话. 人民日报，1991 年 10 月 19 日第一版.

[8] 钱学森. 要从整体上考虑并解决问题. 人民日报，1990 年 8 月 14 日第三版.

[9] 许国志. 系统科学. 上海：上海科技教育出版社，2004 年 8 月.

[10] 郭雷. 系统学是什么. 系统与控制纵横，2016 年第 1 期.

车宏安，生于 1933 年 3 月 15 日，江苏江都人。1952 年毕业于国立上海高级机械职业学校机械科，曾就读于交通大学机械专业和复旦大学数学专业。上海理工大学教授。1979—1994 年先后任上海机械学院（上海理工大学前身）系统工程系主任、系统工程研究所所长、系统科学与系统工程学院院长。1998—2000 年《系统科学》和《系统科学与工程研究》副主编，具体负责全书编辑，《系统科学》获 2013 年中国图书奖。2005—2014 年任上海系统科学研究院执行院长。《创建系统工程新兴专业》（十年总结）获 1989 年上海市高校优秀教学成果特等奖，"提高上海地区大规模集成电路各项指标的综合利用"获 1985 年上海市科学技术进步三等奖，主编《软科学方法论》获 1995 年机械工业部科学技术进步三等奖。发表"计算机集成制造–CIM"、"熵"等论文。

车宏安　奚　宁

商品市场经济系统结构与经济增长的 "补偿" 理论
—— 系统科学视角的规范场普适意义研究

商品市场经济系统结构与经济增长的"补偿"理论
—— 系统科学视角的规范场普适意义研究

车宏安[①]　奚　宁[②]

摘要：(1) 本文提出基于规范场理论的标准模型显示的物质系统结构,其普适意义的内涵;(2) 对应物质系统结构普适意义的内涵,提出商品市场经济的"补偿"理论;(3) 建立生产者时间坐标轴作为经济系统的量化基准;(4) 基于时间坐标轴界定了商品蕴涵的劳动价值量、等价交换、价格;(5) 商品市场经济对称变换的规范因子 —— 比例因子;(6) 商品市场经济的两种基本增长是满足对称变换引进的"补偿项";(7) 货币"内禀价值";(8) 基于"补偿项"的经济增长理论。

关键词：系统科学, 商品市场经济, 系统结构, 经济增长"补偿"理论, 生产者时间坐标轴, 不变量, 劳动价值量, 等价交换, 比例因子, 补偿项, 货币内禀价值

1. 引　　言

我国的系统科学与工程学科,以钱学森和许国志 1978 年的文章"组织管理的技术 —— 系统工程"为标志,至今已发展了 38 年。

从 1978 年至今,虽然已有很多专家学者投身于系统科学和系统工程的研究,但由于没有一个成为大家共识的学科体系框架,一直没有能更快地发展壮大。

钱学森院士在 1979 年提出了"大力发展系统工程,尽早建立系统科学的体系",这实际上是我国发展系统科学和系统工程的总路线。钱老深知建立体系的重要性,而建立体系的难点是创建基础理论。他身体力行,可以说自 1979 年以后的 20 多年,他把主要精力投入了创建系统学(系统科学的基础理论)。经过十多年的努力,提出了开放的复杂巨系统理论 [1]。

1998 年中国系统工程学会提出"总结 20 年,编写一本《系统科学》",许国志院士亲自任主编,他提出,要力求提炼出系统科学的基本概念贯穿全书。但经过一

---

①②上海理工大学.

年多的全国性讨论，未能提炼出大家共识的基本概念，只能先按钱老提出的四个层次的框架，综合理论和应用的已有进展，于 2000 年出版 [2]。

纵观国内外近几十年的研究过程，建立有基础理论的学科体系，还需要长期的不断总结、不断深化，是艰难的攻坚战，需要有志之士坚持不懈的努力。

系统科学是大跨度的交叉学科，她的发展需要有纵深的基础理论研究，需要有广泛的应用研究，更需要有综合的总体框架研究。最近，郭雷院士经多年的努力，提出了一个综合古今中外有关研究成果的总体框架（见"系统学是什么"）[3]，这必将有力推动我国系统科学的发展。

钱学森先生提出系统科学的基础理论是研究系统结构与功能（系统的演化、协同与控制）一般规律的科学。并指出，建立开放复杂巨系统的系统学，要先对一个一个复杂系统研究。

当前出现了研究系统科学基础理论的大好形势，这就是物理学界已经科学地阐明了物质系统的结构，提出了科学的"相互作用的规范理论"，即规范场理论（gauge theory）[4]，我们也称补偿理论（compensate theory）。

由于希格斯子（"上帝粒子"）的发现，以及最近观测到引力波，物理学的基于规范场理论的标准模型已成为得到验证的科学理论。这个理论，科学地阐明了物质系统的结构，从"力"的涵义界定了"相互作用"。杨振宁曾在文献 [5] 就此作过说明：

"物理学家所追求的是物质的结构，先是普通所看见的物质，一块木头、一块铁、一块塑料，把这些东西仔细分析以后，就发现我们所看到的物质都是分子和原子构成，把分子和原子打破，发现里面有电子、原子核，把原子核打破，里面有质子、中子，依此类推。所以，基本物理学就是研究这些最小的结构自己最后是怎样构成的，以及它们怎样合起来构成分子、原子和一切物质。

归纳起来，这个问题有两部分，一部分是，最小的结构原料是什么？还有一部分是，这些东西是怎么粘在一起的？用我们的术语是说：什么力量把它们凝结在一起？这两方面，最后的粒子是什么？基本力量是什么？这就是基本物理学研究的主要内容。

关于力量这个问题，规范场的理论起了关键的影响，现在已经被普遍认识到，所有物理现象中的基本力量，有四种，而这四种力量的结构都是规范场。"

对系统科学工作者来说，就提出了一个绕不过的基本问题：系统科学关于系统结构定义应是普适性的，必须能涵括物理学的最新成就，即基于规范场的标准模型所显示的物质系统结构理论；如果我们能提出这样的概念，也必须能涵盖其它领域系统结构的核心内涵，但目前系统科学界还没有这样的"共识"。这实际上给我们提出了这样的问题：基于规范场的标准模型所显示的物质系统结构理论有没有普适意义的核心内涵，这样的核心内涵，回到物质系统，就是基于规范场的标准模型所显示的物质系统结构理论，但又能具体化到其它领域的系统。

我们认为：杨振宁说的物质结构的基本问题"成分和力"也是任何系统结构的基本问题；规范场的核心内涵，对各类系统的结构有普适意义。

在上海系统科学研究院的推动下，上海理工大学的系统科学学科形成了一个研究规范场普适意义的研究小组，2012 年他们根据对规范场普适意义的研究，提出了商品市场经济的"补偿"理论，在 2012—2013 上海市科协课题"系统科学与经济、金融"的研究报告中阐述了这个理论的框架。

在提出商品市场经济"补偿"理论框架的基础上，近两年来，又进一步探索，初步提出了商品市场经济系统结构与经济增长的"补偿"理论。本文是该理论的纲要陈述。

2. 物质系统结构的普适内涵

我们认为：基于规范场的标准模型所显示的物质系统结构理论，在"基本"粒子层次取得了以下的共识：

(1) 自然界共有 62 种基本粒子和 4 种基本相互作用；

(2) 62 种基本粒子中，有 48 种是相互作用的主体（统称为费米子），有 14 种是 4 种相互作用的载体（统称为玻色子）；

(3) 相互作用的主体之间，通过相互作用的载体传递某种守恒量；

(4) 根据规范场理论，作用主体之间守恒量的传递，必须满足"整体规范对称"和"局域规范对称"。规范对称的核心概念是"相位因子"，从规范变换和规范对称性来说，"相位因子"可称为"规范因子"；

(5) 满足"整体规范对称"和"局域规范对称"，必须引进相应的"规范场"。

杨振宁曾经说：

"规范场就是把相位这个观念的重要性提到最高，等于是问这样的问题：为什么有电磁波？为什么有引力？为什么有强力？为什么有弱力？这些，都是因为相位的对称的观念而来的。把这个精神抓住了，通过数学的讨论，最后就发展出来规范场"[5]。

3. 商品市场经济的"补偿"理论

3.1 商品市场经济"补偿"理论的主要点

在规范场理论的启迪下，我们构建了商品市场经济系统结构的"补偿"理论。

概略地说，交换商品是商品市场的"相互作用"运动，作用主体是商品生产者和消费者，作用的载体是货币，传递的守恒量是商品及其蕴涵的"劳动价值量"；商品的生产、交换和消费是"作用主体"的运动，构成实体经济，使用货币的交易是"作用载体"的运动，构成金融。这就使"金融和实体经济"成了一种耦合的整体。从商品市场系统的实际情况看，我们认为是支持这个观点的。

商品市场"补偿"理论的主要点：

(1) 商品市场显示的"相互作用"是在"相互作用"主体 —— 生产者（也是消费者）之间交换商品这种"守恒量"。作为经济系统的商品的这种"守恒量"，应有其经济意义，就是商品蕴涵的"劳动价值量"。

(2) 商品的交换是通过货币这种载体（或称媒体）的运动实现的。

(3) 商品交换的运动要满足整体规范变换对称和局域规范变换对称。"规范因子"是表示相对成本的"比例因子"。

(4) 商品交换的运动要满足整体规范变换对称和局域规范变换对称，必须引进"补偿项"，即基于比较成本不等式的资源流动的"增值"。

以上各点，大体上是和上述"基于规范场的标准模型所显示的物质系统结构理论"的普适内涵相对应的，从这个意义上说，本文是我们基于系统科学视角的规范场普适意义研究的初步成果。

3.2　时间坐标轴与商品市场的不变量

"不变量"在规范场理论中有根本的意义。杨振宁规范场理论的奠基作 —— 具有划时代意义的"杨—米尔斯方程"，就是把韦尔主要从电荷守恒定律中发现和提出的规范不变性，推广到其它守恒定律中去 [4]。

研究商品市场经济系统的变换不变性，首要的问题，就是要找到"不变量"。

我们基于"坐标"观念研究界定了商品所蕴涵的"劳动价值量"。我们发现：商品市场经济的"不变量"就是商品蕴涵的"*劳动价值量*"。

任何生产者（劳动者），消耗一定的时间，消耗一定的体力和智力，生产出产品。体力和智力如何计量，至今仍未解决，但时间是可以严格计量，产品也可以明确计数。因为每个人的时间是和地球自转的时间同步计量的，是等价的，故各个生产者的时间，如一小时，是相同的，等价的。我们可以取地球自转的时间为基准，建立每个人的时间坐标轴，在同一的标度下，各个生产者的时间坐标轴是严格相等的，也就是严格等价的。

我们定义：*产品的"劳动价值量"是生产者生产产品必需消耗的时间*。据此，可以界定生产率，并可推论：生产率越高，产品所蕴涵的"劳动价值量"越小。

我们进一步作如下的界定:

(1) 生产者生产的产品,都有其使用价值,也就是具有"效用",基于每个生产者可在时间坐标轴上标出产品的"劳动价值量",对于同一个生产者,劳动价值量相同的不同产品"效用"等价。

(2) 不同生产者,按本人的"效用"需求,以一定的比例交换异质产品,由于各生产者生产的产品,都蕴涵生产者确定的"劳动价值量",故交换产品的比例,就是交换劳动价值量的比例,按这个比例交换异质产品,就是"等价交换"。

(3) "等价交换"中,不同生产者交换一定比例的异质产品,虽蕴涵的劳动价值量不同,但"效用"等价,因此,交换者之间等效的"劳动价值量"等价。

(4) "等价交换"是等价劳动价值量的交换比例。在商品市场经济,有了计量不同商品"劳动价值量"的货币,劳动价值量的交换比例就成了价格。

在上述概念的基础上,我们在文献 [21] 和 [22] 论述了 GDP 的不变性。

3.3　比例因子与规范变换对称性

从上述基于时间坐标轴对不变量的阐释中,都存在着一种"测度",即基于时间坐标轴的各种"比例":在单个生产者的时间坐标轴中,存在着生产单个产品所消耗的时间和单位时间的比例(即单个产品所蕴涵的劳动价值量)、生产者生产各种产品蕴涵的劳动价值量之间的比例、不同生产者"等价交换"的异质产品所含劳动价值量的比例、价格标示的不同商品"劳动价值量"的交换比例。在商品市场经济系统中,"比例"这个测度,可类比物质系统中"相位"的角色。

3.3.1　整体变换对称性

生产者在某种相关的充要条件下,生产某种产品,该产品所蕴涵的劳动价值量是不变量。我们界定: (1) 该产品所蕴涵的劳动价值量就是生产者生产该产品的"成本"; (2) 在一种货币流通的市场内,该市场是一个整体,各级生产者构成不同层次的局域,个体生产者是最基本的局域,以此为元素,构成逐级的局域,即生产者个体(含家庭)、企业、行业、国家。

市场在一个时间段,都有商品存量及对应等量的货币,通过货币媒体按价格系列进行交易,使存量变换为销量。这个变换可有众多方案,尤其是存在可以满足"最大效用"或"最大利润"的交易方案。但所有方案必须满足:在交易过程的任何时刻的"存量"和"销量"的总和等于初始的存量。而要保证这一点,就必须对货币标度的任何改变(即币值的改变,如欧盟各国的货币改用欧元,又如我国解放初期的金圆券换用人民币),商品的价格必须按货币标度改变进行调整,调整后,各商品的成本比例不变。这就是商品市场整体变换对称性。也就是说，由于这种对称性，无论货币的标度如何变换，其所代表的商品量（及其相应的劳动价值量）不变。依此，有以下推论：

(1) 个别交易的贵买贵卖，或贱卖贱买，只是个体之间财富所有权的渡让。因此，个体的 "炒普洱茶" 等交易行为，并不影响整体变换对称性，也因此，这类 "炒××" 的局部畸形交易行为，经过一段时间会回归常态。

(2) 不是对应 GDP 而超发的货币，其实质相当于一次货币的标度变换，必然引起 "通货膨涨"。这种超发会使原货币和商品持有者之间发生财富转移。据此推论，要维持物价稳定，货币的发行应 "跟着 GDP 走"。弗里德曼曾说最好的货币政策就是每年增发 3%货币（3%是美国战后到弗里德曼那个年代平均的 GDP 增长率）。货币增长 3%的意思是货币的供应跟上产品的创造速度就行了。

总的来说，商品市场整体变换对称性说明了货币和商品之间的实质关系。

3.3.2　局域变换对称性

局域之间的实质差别是什么？我们认为：是比较成本，也就是说，两个局域对于两个相同商品的生产成本之比不一样，实质是反映了两个局域的两个产品的生产率之比不同。比较成本是一个比例式，比例不一样，就出现了比较成本不等式（也可称为机会成本不等式），从而就出现了通常称为的 "比较优势"，两个局域就可以交换各自的 "比较优势" 产品，从而双方均可获得比自己生产两种产品更多的东西，即所谓 "双赢"。这里关键的一点是：双方要将原生产比较劣势产品的资源，转移去生产比较优势的产品，这样才能够生产出比原来更多的东西。双方分享增值的产品，才是进行交换的实质动力。这个机理，在两个国家之间的商品交换（国际贸易）体现得最为明显，这就是被所有的外贸理论尊为基本原理的 "比较优势原理"。我们要强调指出："比较优势原理" 不仅适用国际，也适用国内，这一点，比较成本不等式的提出者哈伯勒在 1936 年就指出过 [16]。在这里，我们要特别提出，可把 "比较优势原理" 提升为 "交换增值原理"，这是所有局域之间能够进行商品交换的根本原理。

下面我们根据 "交换增值原理" 阐述 "局域变换对称性"。

局域内部的不同产品，可以按照均衡形成的价格进行交换，但在两个存在不同比例的局域之间，各自的产品就不可能按照在本局域内交换的价格比例，流通到另一局域去，就是说，商品（及其劳动价值量）比较成本比例这个局域内部交换的 "守恒量" 不可能变换到另一比例不同的局域去。但如果两个局域按照 "比较成本不等式" 的比较优势产品转移生产资源进行生产，在此基础上进行比较优势的商品交换，就可以增值，双方分享增值的产品。由于这种增值 "补偿" 了因比例不同而不能流通的障碍，实现了原局域 "守恒量" 的交换（一种变换）。我们把这个过程称为局域对称变换，显示了局域变换对称性。

以下再着重说明 3 点：

(1) 每个局域把原生产相对劣势产品的资源（劳动力）去生产相对优势产品，从而比交换前的生产，商品总量增产了。

(2) 由于交换的商品都是在原局域生产条件生产的，所以其 "内禀价值量" 没有变，是 "守恒量"，这就是局域对称变换所交换的 "守恒量"。

(3) 局域对称变换必须是两局域之间交换商品 + 局域内部转移资源生产优势商品。

总之，局域对称变换必须引进新的东西，才能实现 "守恒量" 的交换。

3.3.3　比例因子与变换对称性

前面已经说明，商品的价格，实质就是商品交换的劳动价值量的比例。也就是说，如果黄金成了货币，以一两为单位，凡能和一两黄金交换的商品的劳动价值量和黄金蕴涵的劳动价值量的比例，就是该商品的价格，即该商品的价格是一两黄金，类推，所有商品的价格都是其劳动价值量和黄金的劳动价值量的比值，这个比值，也就是该产品的成本和黄金成本的比例。不同商品的价格比，就是比较成本的比例。由于生产商品的成本是不变的，因而比例也是不变的。如果货币的标度改变了，各局域所有商品的价格都要作相应的改变，但价格的比例不变，这就是整体变换不变性。由于各局域的生产能力不一样，因而商品价格比也不一样，如前所述，必须引进新的东西，才能实现局域间商品的交换，这就是局域变换不变性。可见商品的比较成本比例，在商品交换的整体变换和局域变换中起了实质的关联作用，和规范场理论中的相位作用一样。因此，我们发现商品市场经济的比较成本比例式，就是变换不变性的 "规范因子"，类比 "相位因子"，我们称之为 "比例因子"。

3.4　补偿项

人类的经济行为，是为了生存和发展的需要进行的生产劳动，即人类通过自己的智力和体力活动的综合行为，将劳动对象（资源）改造成满足自己需求的产品。人类的生产劳动，自出现演化到现在，其根本的特征是产品不断增长，表现为产品的品种日益丰富，质量持续改进，单位时间的产量不断提高，可以概称为 "生产率" 的提高，按前述的界定，即体现为单个产品蕴涵的劳动价值量的降低。这种 "提高"，是通过智力的创新而实现的。

熊彼特早在 20 世纪的 20 年代对经济中的创新进行了研究，提出了系统的创新理论。

熊彼特认为，所谓创新就是要"建立一种新的生产函数"，即"生产要素的重新组合"，就是要把一种从来没有的关于生产要素和生产条件的"新组合"引进生产体系中去，以实现对生产要素或生产条件的"新组合"；熊彼特并引进了"企业家"的概念，是"企业家"的活动实现了对生产要素或生产条件的"新组合"，"企业家"的活动实质就是生产者的智力活动[12]。

熊彼特上述关于创新的理论，和"补偿"理论有本质的联系。据此理论，可以认为：经济活动的主体（即相互作用的主体）是生产者和生产劳动对象 —— 资源；生产过程传递的不变量是生产要素和生产条件的"新组合"；为了实现这个"新组合"不变量的传递，必须进行智力和体力活动的综合行为（本质是智力行为），这就是必须引进的"补偿项"。这是第一类"补偿项"，这类"补偿项"的引进，贯穿整个人类的经济活动。

前面阐述局域对称变换时，已经阐明由于各局域的生产能力不一样，因而商品价格比也不一样，必须引进新东西，才能实现局域间商品的交换。这个"新东西"就是各自生产"优势产品"进行交换时，产生的"资源环流"，这就是实现交换增值引进的"补偿项"，这是第二类"补偿项"，这类"补偿项"的引进，是商品市场经济活动的根源。

熊彼特创新是经济增长的根本方式，是出现相对成本不等式的根源。因此，商品市场经济的经济增长，实质上，首先是局域的经济创新的增值，再基于创新的增值而形成的比较成本不等式进行商品交换而增值，这种交换增值，只是"社会性"的总产量增长，而不是产品生产率的提高。但是，如具体的商品交换成了"常态"，其实质就是交换商品的局域间出现了新的局域组合，在这个新组合中，形成了新的比较成本的比例式，形成了"新分工"的"整体"，在这个新整体中，形成了新的比较成本比例系列，从而新整体的总产值，远比原来局域的总产值高得多。这就是个别产品创新的增值（熊彼特创新），通过社会性的交换增值（即基于比较成本不等式，形成众多的交换增值）取得了多倍效应的过程。

两种经济增长，实质都是引进了类比"规范场"的"补偿项"。

3.5 货币 —— 商品交换中"相互作用"的基本载体

当经济系统发展到"商品市场经济"形态时，产品交换成了经济活动的基本方式，各交换主体交换的产品，品种繁多，数量巨大，时空跨度不断扩展。显示为大量局域间多对多的复杂局面。这样的交换过程，必须解决以下三个问题：(1) 交换对象的价格（交换的数量比例）；(2) 通行的购买和支付手段；(3) 能够积累和保存价值。

对商品交换的主体来说，交换的产品一定是异质的，凡是自愿的成交，交换的数量比例，应视为是"等价的"。在一定的时空域，会形成统一的商品交换的数量比例，这就是价格系列。经过长时间演化，诞生了一个特殊的经济品，在"等价交换"的前题下，解决了上述三个具体问题。这就是，商品交换市场经济发展过程中，诞生了实现商品交换的"相互作"的载体 —— 货币，这是人类经济活动中伟大的发明创造。

马克思在《资本论》中科学论述了货币如何在"等价交换"的历史进程中诞生的；以及在演化过程中，货币如何具有了它的根本属性 —— 内禀价值。

3.5.1　等价交换和货币的诞生 [6][7]

货币的出现是与交换联系在一起的。根据史料的记载和考古的发掘，在世界各地，交换都经过了两个发展阶段：先是物物直接交换，然后是通过媒介的交换。在物物交换不断发展的进程中，逐渐出现了通过媒介的交换，即先把自己的物品换成作为媒介的物品，然后再用所获得的媒介物品去交换自己所需要的物品。这里说的"媒介"就是货币。货币是怎么产生的？马克思全面地对货币问题作了系统的理论阐明，揭开了"货币之谜"。

马克思是从商品和商品交换着手进行分析的。各种不同的商品是由不同形式的具体劳动生产出来的，具有不同的使用价值，如粮食是吃的、衣服是穿的等。不同的使用价值千差万别，无法比较。所以，使用价值不可能成为比较的根据。比较的根据只能是各种商品都具有的共同的东西。一切商品都具有一个共同点，即都是耗费了一般人类劳动的产物。这种凝结在商品中的一般的、抽象的劳动，就是政治经济学中所说的价值。各种商品的价值，在质上是同一的，因此量上可以比较。通过交换，交换的价值取得了可以捉摸的外在形式，这就是价值形式问题。在漫长的历史进程中，交换在不断发展，商品价值表现出来的形式，也相应地不断发展。马克思论证了价值形式的发展与货币的产生。

早期物物交换的价值形式称为"简单的、偶然的价值形式"。

交换日益发展成为经常的现象。这时，一种物品不再是非常偶然地才和另外一种物品发生交换关系，而是经常地与另外多种物品相交换，于是，一种物品的价值可由许多种商品表现出来，而所有物品都可成为表现其它物品的等价物，马克思称之为"扩大的价值形式"。

当日益增多的物品进入频繁交易的过程中，必然会有某种物品进入交换的次数较多，其使用价值较多地为进入市场的人们所需要。当各种物品都频繁地要求用这种物品表现自身价值时，这种物品就成为所有其它物品价值的表现材料，成为所有物品的等价物；而这种物品一旦成为所有其它物品用来表现价值的等价物，那么它就具有了可以与所有物品直接交换的能力。这样，直接的物物交换就让位于通过媒介的间接交换：物品要交换时先要换成媒介品，即先要求用媒介表现自己的价值；而一旦这过程实现，就可方便地用媒介换取自己所需要的其它产品。这个用来表现所有物品价值的媒介，马克思称之为一般等价物；用一般等价物表现所有物品价值，马克思称为"一般价值形式"。

随着商品生产的继续发展，从交替地充当一般等价物的几种商品中必然会分离出一种商品经常起着一般等价物的作用。等价形式同这种特殊商品的自然形式社会地结合在一起，这种特殊商品成了货币商品，或者执行货币的职能。当价值都用货币来表现时，马克思称之为"价值的货币形式"。

根据马克思的研究，我们可以提出以下的认识：

(1) 进行物物交换时，人们实际上付出了两种劳动：生产商品的劳动和生产货币商品的劳动。

(2) 生产商品的劳动具有"排他性"，即生产甲商品的劳动，不可能是生产其它商品的劳动。生产货币商品的劳动不具有"排他性"，即这份劳动可以表现生产所有商品的劳动。货币不具有"排他性"，可作为是载体的"判据"。

(3) 对我们的研究来说具有特别重要意义的是，马克思关于货币诞生的研究，阐明了货币如何在商品进行"等价交换"中诞生的。我们在前文所界定的"等价交换"和马克思阐明的"等价交换"的含义是一致的。

3.5.2 货币的商品价值和信用价值 [6][7]

自物物交换出现货币商品至今，各种货币理论，关于货币职能，以及从便于行使职能出发对货币的要求，大体上是相同的。

货币的主要职能有：赋予交易对象以价格形态；购买和支付手段；积累和保存价值的手段。

一般说来，作为货币的商品要求具有如下四个特征：一是价值比较高，这样可用较少的媒介完成较大量的交易；二是易于分割，即分割之后不会减少它的价值，以便于同价值高低不等的商品交换；三是易于保存，即在保存过程中不会损失价值，无须支付费用等；四是便于携带，以利于在广大地区之间进行交易。事实上，最早出现的货币就在不同程度上具备这样的特征。

人类社会几千年来，货币的形态经历着由低级向高级的不断演进。中国最早的货币是贝，日本、东印度群岛以及美洲、非洲的一些地方也有用贝作货币的历史。

在古代欧洲的雅利安民族，在古波斯、印度、意大利等地，都有用牛、羊作货币的记载。在美洲，曾经充当古老货币的有烟草、可可豆等。

随着交换的发展，金属日益成为货币商品。金属充当货币的优点是非常突出的，尤其是金属可多次分割，可按不同比例任意分割，分割后还可冶炼还原。金属易于保存，特别是铜、金、银都不易被腐蚀。因而世界各地历史上比较发达的民族，先后都走上用金属充当货币之路。

金属货币最初是以块状流通的，这很不方便，从而发展出铸币 (coin)。铸币是由国家的印记证明其重量和成色的金属块。所谓国家的印记，包括形状、花纹、文字等。最初各国的铸币有各种各样的形式，但后来都逐步过渡到圆形。圆形最便于携带并不易磨损。

货币形态的一个重要演进是纸币的出现。中国在 10 世纪末的北宋年间，已有大量用纸印制的货币 ——"交子"，成为经济生活中重要的交易手段。最初是由四川商人联合发行的，在四川境内流通，可以随时兑换。后来由于商人的破产，官府设置专门机构发行。

银行券 (banknote) 是首先在欧洲出现于流通中的一种用纸印制的货币。与银行券同时处于流通中的，还有一种由国家发行并强制行使的纸制货币。

在电子技术迅速发展的今天，货币形态也受到了巨大的影响。由于计算机运用于银行的业务经营，使很多种类的银行卡取代现钞和支票，成为社会日益广泛运用的支付工具。

从古至今，虽然演化出形形色色的货币形态，但不管什么形态，都必须具有作为货币的根本属性 ——"等价性"，就是按货币的 "数量标志" 能兑换到等价的商品，如 10 元的货币能兑换到标价 10 元的商品。就这个根本点，即具有 "等价性" 来说，只有两种货币：一种是具有 "商品价值" 的货币，一种是具有 "信用价值" 的货币。

所谓具有 "商品价值" 的货币，是指生产这种货币的成本和能兑换到的商品的生产成本相等，由于这种 "商品价值" 确保了商品的等价交换。

所谓具有 "信用价值" 的货币，是指其生产成本低于能兑换到的商品的生产成本。这种货币所以能按货币的 "数量标志" 兑换到等价的商品，是政府赋予的法定偿付能力。这种货币的流通是基于政府的权力和信用。我们认为这种 "权力和信用" 必须有其实体经济的基础。

货币蕴涵的 "商品价值" 和 "信用价值"，我们统称为 "内禀价值"。

4. 基于"补偿项"的经济增长理论

前文已阐释了二类"补偿项",第一类是实现提高生产率而增值的"补偿项";第二类"补偿项"实现通过交换和分工增值。本节,我们综合经济学已建立的主要经济增长理论,提出一个基于"补偿项"的商品市场经济增长理论,一定程度上,也是贯通经济全过程的经济增长概念框架。

商品市场经济有两种基本的经济增长,第一种是熊彼特创新模式,第二种是交换增值。前者对应引进第一类"补偿项",后者对应引进第二类"补偿项"。

20 世纪 20 年代以来,西方经济学在经济增长方面,产生了三个具有里程碑意义的经济增长理论:(1) 1912—1926 年熊彼特创立的"创新理论";(2) 现代经济增长理论(1957 年以索洛为代表建立的"新古典经济增长理论",以及 20 世纪 80 年代以罗默等为代表发展起来的"新增长理论";(3) 1936 年哈伯勒把李嘉图的"比较优势"量化为"比较成本不等式"。

4.1 熊彼特"创新理论"[12][15]

1912 年熊彼特发表了《经济发展理论》,1926 年经大幅修改出版了第二版。按照熊彼特的观点,所谓"创新",就是"建立一种新的生产函数",也就是说,把一种从来没有过的关于生产要素和生产条件的"新组合"引入生产体系。

熊彼特进一步明确指出"创新"的五种情况:产品创新、技术创新、市场创新、资源配置创新、组织创新。

熊彼特的创新理论是针对资本主义经济提出的,其中的"市场创新、组织创新",主要是就商品市场经济而言,但"产品创新、技术创新、资源配置创新"则贯穿于人类经济的全过程。

前面我们已阐释了熊彼特的创新理论和"补偿"理论是相通的。熊彼特的理论,可以对应为:经济活动的主体(即相互作用的主体)是生产者和生产劳动对象 —— 资源;生产过程传递的不变量是生产要素和生产条件的"新组合";为了实现这个"新组合"不变量的传递,必须进行智力和体力活动的综合行为(本质是智力行为),这就是必须引进的"补偿项"。

以上是熊彼特第一方面的理论首创,对说明经济增长的实质,具有根本性的意义。

熊彼特还有第二方面的重要理论创新,就是运用他的"创新理论"分析了经济周期的形成和特点。熊彼特认为,由于"创新"或生产要素的"新组合"的出现,不是像人们按照"概率论的一般原理"所预料的那样连续均匀地分布在时间序列之上，而是时断时续、时高时低的，有时"群聚"（in groups or swarms，即"成组"或"成群"），有时稀疏，这样就产生了"商业循环"或"经济周期"。他首次提出在资本主义的历史发展过程中，同时存在着长波、中波、短波"三种周期"的理论。

从历史时期来看，最早发现的是中波周期，平均 9—10 年，又称"尤格拉周期"，由法国的克莱门·尤格拉于 1860 年发现的。美国的约瑟夫·基钦于 1923 年发现短波周期，又称"基钦周期"，平均大约 40 个月。长波周期，又称"康德拉季耶夫周期"，是俄国经济学家尼古拉· D ·康德拉季耶夫于 1926 年提出的，每一个周期历时 50 年或略长一些。

熊彼特在 1926 年修订再版《经济发展理论》时，只考虑了"中波周期"，直到 1939 年，在《经济周期：资本主义过程之理论的、历史的和统计的分析》一书中，才完成了他的颇具特色的以"创新"理论为基础的多层次的"三个周期"理论。提出了他的四个阶段周期：繁荣、衰退、萧条和复苏（见图 1）。繁荣将让位于衰退，之后是萧条的到来，复苏阶段则是一个新的均衡状态的发现阶段。

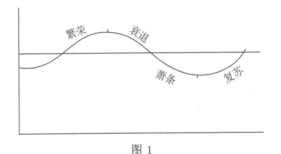

图 1

熊彼特非常强调生产技术的革新和生产方法的变革在资本主义经济发展过程中的至高无上的作用。他沿袭了康德拉季耶夫的说法，把近百余年来资本主义的经济发展过程进一步分为三个"长波"，而且用"创新理论"作为基础，以各个时期的主要技术发明和它们的应用，以及生产技术的突出发展，作为各个"长波"的标志。熊彼特认为，长、中、短几种周期并存而且相互交织，并证明了他的"创新理论"的正确性。在他看来，从历史统计资料表现出来的这种周期的变动，特别是"长周期"的变动，同各个周期内的生产技术革新呈现着相当密切的关联：一个"长波"大约包括有六个"中程周期"，而一个中程周期大约包含有三个"短波"[12]。

表 1 是库兹涅茨综合了熊彼特的三次"长波"和四阶段波动周期的年代，显示了以生产技术"创新"发展为主线的四阶段波动周期的历史轨迹。

熊彼特的创新理论，有一个鲜明的特色，也是反映了经济增长过程的重要的规律，就是著名的"破坏性创新"。熊彼特借用生物学上的术语，把那种所谓"不断地从内部革新经济结构，即不断地破坏旧的，不断地创造新的结构"的过程，称为"产业突变"。并说"这种创造性的破坏过程是关于资本主义的本质性的事实，应特别予以注重"。

表 1

	繁荣	衰退	萧条	复苏
1. 工业革命时代的康德拉捷夫周期：棉纺、铁、蒸汽动力				
	1787—1800	1801—1813	1814—1827	1828—1842
2. 中产阶级时代的康德拉捷夫周期：铁路化				
	1843—1857	1858—1869	1870—1884/5	1886—1897
3. 新重商主义时代的康德拉捷夫周期：电力、汽车				
	1898—1911	1912—1924/5	1925/6—1939	

资料来源：库兹涅茨(1953年)。

根据熊彼特"破坏性创新"理论，可以看到新旧技术发展的一种更替关系。首先，每一种技术的发展都显示出其"生命周期"(见图 2)：

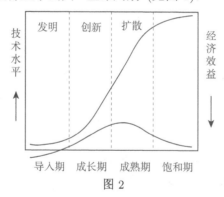

图 2

接着，我们可以看到每一种技术的发展是一条条独立的"S 型曲线"(见图 3)：

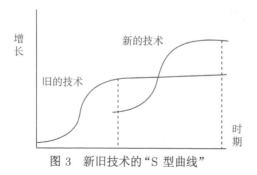

图 3　新旧技术的"S 型曲线"

以上的规律性有重要的现实意义，使我们认识到：当旧动能增长乏力的时候，新的动能会异军突起，就能够支撑起新的发展。

概括地说，熊彼特在经济增长理论方面，有两大历史意义的贡献：

一是对经济发展，包括从"企业家"的特点和功能、"生产要素的新组合"、"创新"的涵义和作用，都作了开创性的精辟的论述，既是理论上的探讨，也是历史发展过程的概述。熊彼特的这些论述，虽是就资本主义经济说的，但就其科学性来说，是贯穿人类经济的全过程的，反映了经济系统的本质属性。熊彼特的这些论述，也印证了"补偿"理论的基本观点（经济主体传递"守恒量"、实现对称变换必须引进第一类"补偿项"）符合经济发展的历史和规律。

二是他的周期理论和"破坏性创新"理论，显示了经济发展规律性轨迹（即 S 型曲线），对分析经济增长有极为重要的理论和实际意义。

4.2　现代经济增长理论 [8,9,13]

当今，经济学界的经济增长理论，基本上是关于商品市场经济的增长理论，最有代表性的，是 20 世纪 50 年代建立的"新古典经济增长理论"，和 20 世纪 80 年代发展起来的"新增长理论"。这两个理论主要贡献是：1957 年索洛拟合出技术发展轨迹满足自然指数函数的特殊属性；其导数就是它自身，即技术发展对时间的变化率与该技术的"量"成比例；1986 年以罗默提出知识积累模型为起点的新增长理论，知识被当作生产过程中的一种特殊投入，开启了"内生增长理论"的发展。

"新古典经济增长理论"的建立，是以索洛（E.R.Solow）为代表的。索洛有两大重要成就：一是，运用科布–道格拉斯生产函数分离出技术进步对经济增长的根本性的贡献；二是，索洛通过对美国经济增长数据的研究，拟合出技术进步产生的经济增长，满足自然指数函数的特殊属性[9][14]。自索洛模型提出后，所有的增长模型中，经济增长的最终源泉都是技术进步，并且由技术进步产生的经济增长满足自然指数函数的特殊属性。索洛发现"技术进步产生的经济增长，满足自然指数函数的特殊属性"，可以说是具有历史意义的伟大贡献。因为，只有对经济增长有根本意义的技术发展满足自然指数函数的特殊属性，才唯一地决定了人类的经济是不断增长的，是"报酬递增"的。

但是，在新古典经济增长理论中的技术进步没有得到解释，被认为是"外生的"。

20 世纪 80 年代以后，以罗默、卢卡斯以及稍后的阿格因、豪伊特为代表的经济学家，提出以"内生经济增长"为特征的新增长理论，着重分析了技术进步的过程以及技术进步产生的原因。新增长理论认为，经济能够实现持续增长是知识积累的结果。从生产者的研究和开发（R&D，亦即生产企业的研究和开发部门）的生产过程，可以更好地理解技术进步发生的过程，研究与开发创造出知识，知识最终带来技术进步，技术是知识创造的。

知识是人类的大脑创造的，已是人们的共识。脑神经系统生产知识的微观机理，至今还不清楚，但知识产生的唯象规律，已有丰富的共识。人类的大脑创造活动是人的智力创造性的活动。

新增长理论证实了"科学技术的发展是源于知识的产生和增长"，其根本的意义是实现了两个回归：一是到索洛的回归，二是到熊彼特的回归。两个回归完成了关于经济增长的追本溯源：经济增长的本源是人的智力活动。这就使我们认识到：要把资源改变为人类需要的东西，必需引进"补偿项"—— 智力活动。

我们要着重阐释一下 "智力活动"具有 "满足自然指数函数的特殊属性" 的问题。因为这一点对经济增长来说，至关重要，这是经济增长的根本源泉！

索洛发现了技术发展的时间轨迹满足自然指数函数的特殊属性，罗默、巴罗、阿格因等发现了：知识最终带来技术进步，技术是知识创造的。这一个回归，就自然说明了知识的产生也满足自然指数函数的特殊属性。但阿格因等在文献中对这点是作为 "暗含" 的，从未加以证明。这就引起了 索洛的强烈质疑。索洛于 2000 年在其新版《增长理论：一种解释》中增加了六章，并在新的六章前，特写了作为桥梁的，题为 "一个承前启后的评述" 的一章。这章的核心的内容，就是强调了：由于技术发展的时间轨迹 "满足自然指数函数的特殊属性"，才显示出技术的发展，其变化和本身成比例，才使经济的增长能保证克服 "报酬递减"！阿格因等既然发现技术是知识创造的，就有必要进一步实证：知识生产的时间轨迹亦满足自然指数函数的特殊属性。但阿格因等没有实证这一点。索洛指出：这样就可以用其它的方法来解析经济 增长，这样一来，就不能保证增长和本身成比例，从而就不能保证克服 "报酬递减"！

事实上，科学界早已从事这方面的研究，并有共识性的成果。如普赖斯等，就从科技期刊和文献的增长、科技专家数量的增长、科技学科的增长、科技研究费用的增长等多个方面，印证了创造科技的知识，其发展满足自然指数函数的特殊属性，也就是印证了知识和科技发展满足自然指数函数的特殊属性：

$$F(t) = ae^{bt} \quad (a > 0, b > 0)$$

式中，t 为时间，以年为单位；a 是初始时刻（t=0）知识和科技量化指标的数值；b 为时间常数，表示持续增长率：$b = [F(t_n) - F(t_{n-1})]/F(t_{n-1})$。

有了知识满足自然指数函数的特殊属性的实证，根据"技术是知识创造的"，就可以进一步回到熊彼特：技术创新亦满足自然指数函数的特殊属性。

有了技术是知识创造的以及知识和技术的发展轨迹均满足"自然指数函数的特殊属性"这两条，就可以统一刻画经济增长是自然指数增长和"破坏性创造"周期运动的统一轨迹：

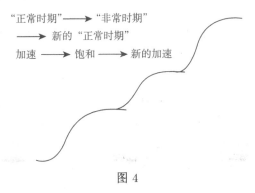

"正常时期" ——→ "非常时期"
——→ 新的"正常时期"
加速 ——→ 饱和 ——→ 新的加速

图 4

图 4 所示，每一种技术的增长都是一条条独立的"S 型曲线"，从图中可以看出，一个技术在导入期技术进步比较缓慢，一旦进入成长期就会呈现指数型增长，但是技术进入成熟期就走向曲线顶端，会出现增长率放缓、动力缺乏的问题。而这个时候，会有新的技术在下方蓬勃发展，形成新的"S 型曲线"，最终超越传统技术。因此，新旧技术的转换更迭，共同推动形成技术不断进步的高峰，从而带动"新经济"的发展。

综合熊彼特"创新理论"、现代经济增长理论，得出的经济以自然指数加速增长和新旧技术交替的阶梯式发展轨迹，是贯穿经济发展全过程的。只不过，在近 300 年前，即工业革命以前的漫长年代，加速增长的"阶梯"不明显，其具体过程的规律性亟待研究，尤其是从农业经济如何发展到现代工业经济，我国已取得了巨大的成就，更需要从理论高度进行总结。

4.3 比较成本理论

英国经济学家亚当·斯密（Adam Smith）于 1776 年在其《国民财富的性质和原因的研究》中所提出的绝对优势理论（theory of absolute advantage），1817 年大卫·李嘉图（David Ricardo）在其《政治经济学及赋税原理》一书中提出比较优势理论（theory of comparative advantage）。他们论证了两个国家可以通过贸易都获利（双赢）。1936 年奥地利经济学家戈特弗里德·哈伯勒（Harberler）运用比较成本的概念解释比较优势原理，建立了比较成本不等式。这个比较成本不等式实质上涵盖了"绝对优势理论"。国际贸易发生的基本原理（国际贸易发生的条件和根据），至此奠定了科学的基础。此后，赫克歇尔和俄林的要素禀赋理论，雷蒙德·弗农的产品生命周期理论，保罗·克鲁格曼的规模经济理论的出现，不断将国际贸易理论的发展推进到新的历史发展时期。这些理论，都是在"比较成本不等式"基础上，进一步深入具体揭示了国际贸易发生的条件和根据是如何形成的，在国际贸易发生后，产生哪些影响，这些条件和根据又是如何演化和发展。

我们从国际贸易最简单（也是最基本）的"两国两产品"贸易过程，阐释比较成本不等式的科学内涵及其意义。

我们在文献 [20] 证明了比较成本不等式是国际贸易利得的充要条件。这个证明有重要意义。因为基于李嘉图比较优势原理建立的"比较成本不等式"，其内涵的根据，是不同的生产者由于生产率提高的不平衡而形成的两产品成本比例的不等，由于"不等"，才可能交换而增值（双赢）。有了充要条件的证明，就说明了"比较成本不等式"和"交换增值"之间对应的唯一性。这至少可以消除一种费解。由于李嘉图提出比较优势时，举例说明：一国在两种产品方面生产率均比另一国落后，两国仍可能通过交换获利。那么，"可能"的边界或范围是什么？说得更科学点，这个边界应满足什么条件？李嘉图没有说，而"比较成本不等式"就表明得很清晰、明确：只要是"不等式"就行，如果是"等式"，任何情况下都不行！

比较成本不等式是国际贸易利得的充要条件，证明如下：

设 A、B 两国生产 x 产品和 y 产品，单位时间内，A 国生产 x 产品 a_x，生产 y 产品 a_y，B 国生产 x 产品 b_x，生产 y 产品 b_y。A 国用 y 产品来衡量的每单位 x 产品的比较成本为 $\dfrac{a_y}{a_x}$。A 国用 x 产品来衡量的每单位 y 产品的比较成本为 $\dfrac{a_x}{a_y}$。同理，B 国 x 产品的比较成本为 $\dfrac{b_y}{b_x}$，y 产品的比较成本为 $\dfrac{b_x}{b_y}$。

如果 A 国生产 x 产品的比较成本小于 B 国生产 x 产品的比较成本，则有

$$\frac{a_y}{a_x} < \frac{b_y}{b_x} \qquad\qquad ①$$

对式①稍作变化，就可以得到

$$\frac{b_x}{b_y} < \frac{a_x}{a_y} \qquad\qquad ②$$

基于价格等于成本，是生产率的倒数，比较成本可以用相对价格来表示。设 A 国 x 产品的价格为 P_{Ax}，y 产品的价格为 P_{Ay}。B 国 x 产品的价格为 P_{Bx}，y 产品的价格为 P_{By}，那么 A 国 x 产品对 y 产品的相对价格就为 $\dfrac{P_{Ax}}{P_{Ay}}$，y 产品的相对价格为

$\dfrac{P_{Ay}}{P_{Ax}}$。B 国 x 产品对 y 产品的相对价格为 $\dfrac{P_{Bx}}{P_{By}}$，y 产品的相对价格为 $\dfrac{P_{By}}{P_{Bx}}$。

A 国和 B 国生产 x 产品和 y 产品的比较成本可以分别用相对价格表示出来：

$$\frac{a_y}{a_x} = \frac{P_{Ax}}{P_{Ay}}, \frac{a_x}{a_y} = \frac{P_{Ay}}{P_{Ax}}$$

$$\frac{b_y}{b_x} = \frac{P_{Bx}}{P_{By}}, \frac{b_x}{b_y} = \frac{P_{By}}{P_{Bx}}$$

由式①和式②可得

$$\frac{P_{Ax}}{P_{Ay}} < \frac{P_{Bx}}{P_{By}} \tag{③}$$

由式③可得

$$\frac{P_{Ax}}{P_{Bx}} < \frac{P_{Ay}}{P_{By}} \tag{④}$$

式③表示 A 国 x 产品的相对价格小于 B 国 x 产品的相对价格。式④表示 x 产品在 A 国的价格和在 B 国的价格之比小于 y 产品在 A 国的价格和在 B 国的价格之比。式③和式④分别是相对价格的两种表示方式，这两种表示是等价的。

定义 1　当且仅当 $\dfrac{a_y}{a_x} < \dfrac{b_y}{b_x}$ 或 $\dfrac{P_{Ax}}{P_{Ay}} < \dfrac{P_{Bx}}{P_{By}}$，A 国 x 产品有比较优势，y 产品有比较劣势，及 B 国 y 产品有比较优势，x 产品有比较劣势。

式①、式②称为"比较成本不等式"。"比较成本不等式"均可用对应的相对价格不等式表达。

在两国两商品的情况下，已知两国的比较成本和对应的相对价格：

$$\frac{a_y}{a_x} = \frac{P_{Ax}}{P_{Ay}} \qquad \frac{a_x}{a_y} = \frac{P_{Ay}}{P_{Ax}}$$

$$\frac{b_y}{b_x} = \frac{P_{Bx}}{P_{By}} \qquad \frac{b_x}{b_y} = \frac{P_{By}}{P_{Bx}}$$

以及比较成本不等式

$$\frac{a_y}{a_x} < \frac{b_y}{b_x}$$

$$\frac{b_x}{b_y} < \frac{a_x}{a_y}$$

和对应的相对价格不等式

$$\frac{P_{Ax}}{P_{Ay}} < \frac{P_{Bx}}{P_{By}}$$

$$\frac{P_{By}}{P_{Bx}} < \frac{P_{Ay}}{P_{Ax}}$$

并由定义 1 知相应的比较优势产品和比较劣势产品。

定义 2　如两国相互卖出比较优势产品，买进比较劣势产品，则均获利，即：

令 P_{Ax}^* 为 A 国卖出比较优势 x 产品的价格，P_{By}^* 为 B 国卖出比较优势 y 产品的价格，则

$$\frac{a_x P_{Ax}^*}{P_{By}^*} > a_y \qquad ⑤$$

$$\frac{b_y P_{By}^*}{P_{Ax}^*} > b_x \qquad ⑥$$

为两国贸易利得。由此，可得贸易利得的必要条件：

由式⑤$\dfrac{a_x P_{Ax}^*}{P_{By}^*} > a_y$

得

$$\frac{P_{Ax}^*}{P_{By}^*} > \frac{a_y}{a_x} \qquad ⑦$$

由式⑥$\dfrac{b_y P_{By}^*}{P_{Ax}^*} > b_x$

得

$$\frac{P_{By}^*}{P_{Ax}^*} < \frac{b_y}{b_x} \qquad ⑧$$

要使 A 国和 B 国都从贸易中获利，式⑦和式⑧应同时成立，即必须满足不等式

$$\frac{a_y}{a_x} < \frac{P_{Ax}^*}{P_{By}^*} < \frac{b_y}{b_x} \qquad ⑨$$

式⑨亦可写成相对价格的形式

$$\frac{P_{Ax}}{P_{Ay}} < \frac{P_{Ax}^*}{P_{By}^*} < \frac{P_{Bx}}{P_{By}} \qquad ⑩$$

⑨、⑩式即为获利贸易的必要条件。

由贸易利得的必要条件"贸易条件不等式" $\dfrac{a_y}{a_x} < \dfrac{P_{Ax}^*}{P_{By}^*} < \dfrac{b_y}{b_x}$ 取左端及中段，显然有

$$\frac{a_x P_{Ax}^*}{P_{By}^*} > a_y$$

即 A 国通过贸易可获利。

取右端及中段，显然有

$$\frac{b_y P_{By}^*}{P_{Ax}^*} > b_x$$

即 B 国通过贸易可获利。

因此，"贸易条件不等式" $\frac{a_y}{a_x} < \frac{P_{Ax}}{P_{By}} < \frac{b_y}{b_x}$ 是 A、B 两国贸易利得的充分条件。$\frac{a_y}{a_x} < \frac{P_{Ax}}{P_{By}} < \frac{b_y}{b_x}$ 可等价表达为 $\frac{P_{Ax}}{P_{Ay}} < \frac{P_{Ax}^*}{P_{By}^*} < \frac{P_{Bx}}{P_{By}}$。

由以上必要条件与充分条件的证明，得 "贸易条件不等式" $\frac{a_y}{a_x} < \frac{P_{Ax}}{P_{By}} < \frac{b_y}{b_x}$ 是国际贸易利得的充要条件，故比较成本不等式 $\frac{a_y}{a_x} < \frac{b_y}{b_x}$ 可作为国与国之间产生获利贸易的判据。

比较成本不等式，以及它成为两国贸易利得的充要条件，看起来颇简单，实际上有很深的涵义，还是需要深入思考的。文献 [17] 是国际上权威的学术专著，书中就写了这样一件事："由于比较优势原理否认生产力的绝对优势对贸易模式的决定作用，对于非专业人士而言，似乎有悖于直观感觉。据萨缪尔森 (1969) 回忆：数学家斯坦斯劳·乌拉姆 (Stanislaw Ulam) 曾向他挑战，要求他 '在社会科学领域的所有命题中举出一个正确而又重要的例子'。多年后，他终于想到了合适的回答：'李嘉图的比较优势原理。' 在一个数学家面前，它逻辑上的正确性是无可争辩的；而它的重要性则已经由数以千计的重要而智慧的人们所证明。虽然在向他们解释此原理之后，他们也并未理解或根本不相信其正确性。"

比较成本不等式的深刻涵义有二：一是 "比例"，即双方比较的是两种产品各自成本的比例（亦即两种产品各自生产率的比例）；二是 "环流资源"，即双方要将原生产比较劣势产品的资源，转移去生产比较优势的产品，这样才能够生产出比原来更多的东西，双方分享增值的产品，才是进行交换的实质动力。

自从出现人类的生产劳动，就引进了第一类 "补偿项"，这是最根本的，贯穿全部经济过程。经过漫长的 "自给经济" 阶段，才演进到 "商品经济" 阶段，其特点，是引进了第二类 "补偿项"。这是由于各生产者生产技术发展的不平衡，出现了产品生产率比例的不等式，各自出于 "获利" 的动力，转移生产资源，交换产品，分享增值。而转移生产资源的实质，是社会性的向先进的技术推进。从这个意义上说，"比较成本不等式"，在商品市场经济阶段，所起的推进技术发展的作用，可与热力学第二定律在热力工程中，推动提高热效率的 "判据" 作用媲美。

关于 "比较优势"，鉴于裴长洪在文献 [18] 中说的情况："在我们的政策语言中，与这个知识体系有关且使用频率最高的是 '比较优势'，但我们政策语言中的 '比较优势' 与李嘉图的 '比较优势' 理论也是不同的，后者说的是两个国家、在两种相 同产品的生产中，都不具备生产率优势的一国可以选择劣势较少的某一产品来开展国际贸易，赢得专业分工的利益。而我们讲 '比较优势'，首先是一种工作状态和动员，也包括发现 '绝对优势'（你无我有），要素禀赋优势（你少我多），还包括创造竞争优势（你有我优、我廉）。所以，我们讲 '比较优势'，已经是一种演绎和发挥。" 我们说明，本文阐述的 "比较优势" 只限于具体的 "生产力层面"。

4.4　基于 "补偿项" 的经济增长理论主要点

综合熊彼特 "创新理论"、现代经济增长理论，比较成本理论，我们提出：基于 "补偿项" 概念的经济增长理论，主要内容有以下各点。

(1) 人类的经济行为，是为了生存和发展的需要进行的生产劳动，即人类通过自己的智力和体力活动的综合行为，将劳动对象（资源）改造成满足自己需求的产品。经济系统的作用主体有层次性，不同的层次，主体不完全相同：第一个层次，是产品的生产。这个层次的作用主体是生产者和劳动对象 —— 资源。第二个层次，作用主体是生产者和消费者，虽生产者也是消费者，生产者和消费者 "统一于一身"，但在漫长的 "自给经济" 阶段，本身为自己的消费而生产，而后演化到 "商品经济" 阶段，"分立" 为生产者为别人消费进行生产，自己的消费是别人生产的产品，即必须进行交换。

(2) 在生产产品阶段，生产者把 "生产要素的新组合"（不变量）传输给劳动对象，把资源变换为产品。实现这个 "新组合" 不变量的传递，必须进行智力和体力活动的综合行为（本质是智力行为），这就是必须引进的 "补偿项"。这是第一类 "补偿项"，这类 "补偿项" 的引进，贯穿整个人类的经济活动。

(3) 人类的经济演进到商品市场经济阶段，由于具备了进行商品交换的客观条件（如货币的统一或兑换、交通运输条件），则只要出现了局域（地域或国家）之间商品的比较成本不等式，就可以实现 "双赢" 的商品交换。这个过程的实质，则是必须引进 "环流资源" 的第二类 "补偿项"。

(4) 第一类 "补偿项" 的引进，实质是生产者生产知识的智力运动，体现为生产率的提高，也就是产品蕴涵的劳动价值量的减少，显示为生产者的 "时间坐标轴" 上坐标的缩小。由于生产老产品的时间缩短了，在总劳动时间不变的情况下，就可以有时间创造新产品，在坐标轴上就增加了新产品的劳动价值量的坐标。老产品的坐标缩小，新产品的坐标增加，可视为生产者时间坐标轴的 "密度" 变化。

(5) 第二类 "补偿项" 的引进，是关系两个生产者之间的相互作用，实质是引进资源的环流，也就是资源向先进技术方面流动。可以视为，是两个不同"密度"坐标轴之间存在的具有"方向性"的"乘积"关系。

(6) 不同生产者的时间坐标轴，可以构建一个高维坐标系，在这个坐标系可按产品的劳动价值量构成产品空间（场），每个"产品点"对每个坐标轴有"内积"关系（投影为每个坐标轴的坐标），对不同"密度"坐标轴有"方向性"的"乘积"关系。从而可望在这个坐标系里，刻画、分析产品的运动及其变化的规律。

(7) 形成经济增长的因素，有根源和条件之分。就根本源泉来说，只有第一类"补偿项"和第二类"补偿项"的引进。前者是发生于单个生产者，标志是产品生产率的提高（并显示为产品蕴涵的劳动价值量降低），后者发生于不同生产者之间，标志是产品的生产率不变，总量提高。在"原因"层面的增长，则首先是局域的经济创新的增值，再在基于创新的增值而形成的比较成本不等式进行商品交换而增值。至于条件方面的因素，如制度、文化等引发的增长，需引进其它类型的"补偿项"，本文未作阐释。"原因"因素和"条件"因素协同形成的经济增长，大体上相当于"全要素生产率"的提高。

关于经济增长的根源，以及增长的因果关系、根据和条件，库兹涅茨曾表述过他观点：

"一个国家的经济增长可以定义为向它的人民供应品种日益增加的经济商品的能力的长期上升，这个增长中的能力，基于改进技术，以及它要求的制度的和意识形态的调整。定义的所有三个成分都是重要的。商品供应的持续增加是经济增长的结果，用它来识别经济增长 …… 先进技术是经济增长的一个允许的来源，但是它只是一个潜在的、必要的条件，本身不是充分条件。如果技术要得到高效和广泛的利用，而且说实在，如果它自己的进步要受这种利用的刺激，必须作出制度的和意识形态的调整，以实现正确利用人类知识中先进部分产生的革新。以现代经济增长为例，蒸汽和电力以及利用它们所需要的大规模工厂，是与家庭企业、文盲或奴隶制不相容的 —— 在早期所有这一切盛行于甚至发达世界的大部分，而不得不用更合适的制度和社会观点来代替。现代技术与农村生活方式，大家庭模式，以及崇敬不受干扰的自然界也不相容 …… 人类知识进展中的主要突破，构成长期持续增长的主导来源和推广到世界大部分的突破，可以称为划时代的革新。而经济史的变化过程或许可以分为各个经济时代，每个时代用有它产生的增长的显著特性的划时代革新来识别。"[10]

我们很赞同库兹涅茨的观点，并将此作为本文内容如何陈述的一个原则。

以上各点反映了经济系统由简单到复杂的演化，形成了多层级的结构。自从出现人类的生产劳动，就引进了第一类"补偿项"。经过"自给经济"阶段，演进到

"商品经济"阶段，在引进第一类"补偿项"基础上，又引进了第二类"补偿项"。作为系统理论，既要有反映现阶段规律的理论，还应有反映全过程规律的理论。当今，经济学界的经济增长理论，基本上是研究工业化以来商品市场经济的增长，但也出现了研究经济全过程增长的。如文献 [13] 的第 10 章就综述了关于统一增长理论（unified growth theory）。我国蔡昉于 2013 年发表了"理解中国经济发展的过去、现在和将来 —— 基于一个贯通的增长理论框架"（《经济研究》2013 年第 11 期）。该文最后部分说：

"本文的目的，便是用一个具有一致性的理论框架，来解释中国经济发展的历史和现实，并展望未来…… 从相当长的历史视野来看，中国已经经历过四种增长类型中的前三个过程。而且，中国是以世界经济中的显著关注度经历了这些发展阶段的变化，不仅有着关于经验、教训、借鉴和启发的丰富素材，而且以其迅速的变化率提供了观察的便利。这样，我们得以利用更具备可用性的理论武器和得天独厚的发展历程，升华中国经验，把迄今的'自为'行为变成'自觉'行动，增强对于中国经济发展道路的自信，增进对于未来挑战的认识"[19]。

我们很赞同蔡昉的观点，本文的"基于'补偿项'的经济增长理论"部分，首先是反映商品市场经济的增长，同时也力图成为一种可"贯通的增长理论框架"的雏形。

5. 小　　结

我们借鉴物理学规范场理论，很粗略地提出了商品市场经济的"补偿"理论，其核心内涵：一是商品市场的商品交换，二是交换主体 —— 生产者（消费者）和交换载体 —— 货币的统一运动过程；这个统一运动过程要遵循整体对称变换和局域对称变换的要求；为了实现整体和局域对称变换，必须引进"补偿项"。

关于从系统科学视角进行研究，具体说，主要有四点：(1) 系统科学的基本概念，应是各具体系统相应概念的共性内涵；(2) 研究系统科学的问题，要深入相关的具体系统，先学习研究，再提炼共性；(3) 钱学森先生十分重视的"研究复杂系统必须从定性到定量"；(4) 西蒙（司马贺）坚持和强调的，在一个复杂性必然是从简单性进化而来的世界中，复杂系统是层级结构的 [23]。

我们的初步探索，是否有逻辑性问题和专业性错误，至诚祈盼得到相关学科专家的批评和指教！

致谢：本文经历了较长时间的学习和研究，衷心感谢上海系统科学研究院院长郭雷院士和上海理工大学系统科学学位点学术带头人高岩教授长期以来的鼎力支持。深切感谢中山大学李华钟教授、中科院高能物理所黄涛教授、中国科技大学近代物理系朱栋培教授、武汉大学桂起权教授的专业指导。感谢中科院上海冶金研究所固体物理研究室主任谢雷鸣教授长期以来的帮助，特别感谢他 2009 年和 2010 年应聘来上海理工大学进行合作研究和指导。感谢中国科技大学近代物理系汪秉宏教授和北京师范大学系统科学学院王有贵教授长期以来的关心和支持。在上海系统科学研究院的推动和上海理工大学系统科学学位点的支持下，形成了一个"规范场普适意义研究组"，已活动了十年，主要成员有：杨会杰、李星野、周石鹏、姜志进、奚宁、刘姜、黄建秋、许良、车宏安。本文是这个研究组成员长期研讨交流的部分成果，我们忝为执笔人，感谢大家的支持。

参考文献

[1] 钱学森. 创建系统学. 上海：上海交通大学出版社，2007.

[2] 许国志. 系统科学. 上海：上海科技教育出版社，2000.

[3] 郭雷. 系统学是什么. 系统科学与数学，2016 年第 3 期.

[4] C. N. Yang and R. L. Mills. Conservation of lsotopic Spin and lsotopic Gauge Invariance. Phys. Rev. 96 (1954), 191.

[5] 杨振宁. 上穷碧落下微尘 —— 接受香港专栏作家张文达访谈 (1987.1). 杨振宁文集. 上海：华东师范大学出版社，1998.

[6] 马克思. 资本论（第一卷）. 马克思恩格斯全集第四十四卷. 中共中央马克思恩格斯列宁斯大林著作编译局，编译. 2 版. 北京：人民出版社，2001.

[7] 黄达. 金融学. 3 版. 北京：中国人民大学出版社，2012.

[8] 方齐云，王皓，李卫兵，王滨. 增长经济学. 武汉：湖北人民出版社，2002.

[9] 索洛. 经济增长理论：一种解说. 朱保华，译. 上海：上海人民出版社，2015.

[10] 库兹涅茨. 事实与思考. 诺贝尔经济学奖金获得者讲演集. 王宏昌，编译. 北京：中国社会科学出版社，1997.

[11] 罗伯特. M. 索洛等著. 经济增长因素分析. 史清琪等，选译. 北京：商务印书馆，1993.

[12] 约瑟夫·熊彼特. 经济发展理论 —— 对于利润、资本、信贷、利息和经济周期的考察. 何畏，易家详，张军扩，胡和立，叶虎，译. 北京：商务印书馆，1990.

[13] 阿格因，豪伊特. 增长经济学. 杨斌，译. 北京：中国人民大学出版社，2011.

[14] 瑟尔沃. 增长与发展. 第六版. 郭熙保，译. 北京：中国财政经济出版社，2001.

[15] 范·杜因. 经济长波与创新. 刘守英，罗靖，译. 上海：上海译文出版社出版，1993.

[16] G. Haberler. The theory of international trade. London: W. Hodge & Co., 1936.

[17] 罗纳德. W. 琼斯，彼德. B. 凯南主编. 国际经济学手册第 1 卷国际贸易. 姜洪，李畅，徐健等译，姜洪，审校. 北京：经济科学出版社，2008.

[18] 裴长洪. 中国特色开放型经济理论研究纲要. 经济研究, 2016 年第 4 期.

[19] 蔡昉. 理解中国经济发展的过去、现在和将来 —— 基于一个贯通的增长理论框架. 经济研究, 2013 年第 11 期.

[20] 系统科学与经济、金融. 上海市科协课题 "2012—2013 上海市系统科学与系统工程学科发展" 研究报告. 上海, 2013.11.

[21] 黄建秋. GDP 三百年. 经济系统中规范场普适意义的探索 —— 系统科学视角的研究. 系统科学学科建设研讨会. 上海, 2016.

[22] 刘姜. GDP 对称性与变换群. 上海理工大学学报, 2014 年第 5 期.

[23] 西蒙（司马贺 Herbert A. Simon）. 复杂性的构造: 层级系统. 人工科学. 第三版. 武夷山, 译. 上海: 上海科技教育出版社, 2004.

顾基发，著名运筹学和系统工程专家，最早提出运用多目标决策理论处理实际问题，是中国运筹学和系统工程理论和应用研究早期开拓者之一。曾担任中科院系统科学所副所长、中国系统工程学会理事长、国际系统研究联合会主席等职务。曾任日本北陆先端科技大学院大学知识科学学院教授。他提出的关于"物理、事理、人理"思想得到十几个国家同行们的认可，许多学者在著述中引用此观点。先后主编、参编学术专著20余部，发表论文近200篇。现为欧亚科学院院士，国际系统与控制科学院院士、副院长。

顾基发　唐锡晋　寇晓东

WSR 方法论的提出、推广、应用分析与发展

WSR 方法论的提出、推广、应用分析与发展

顾基发① 唐锡晋② 寇晓东③

摘要：物理–事理–人理系统方法论（简称 WSR 方法论）自 1994 年提出至今，已有 20 多年的发展历程。本文以相关研究文献回顾为基础，对 WSR 方法论的提出过程、推广、国内外应用状况及下步发展四方面问题，进行重点阐述。

关键词：物理–事理–人理系统方法论，WSR 方法

1. WSR 方法论的提出

1.1 酝酿与萌芽：WSR 方法论提出的时空背景

1978 年 9 月 27 日，钱学森、许国志、王寿云发表《组织管理的技术 —— 系统工程》一文，指出 "相当于处理物质运动的物理，运筹学也可以叫做 '事理' "[1]。次年，许国志、宋健进一步论述了事理、事理工程 [2]；钱学森就对 "物理"、"事理" 的看法致信美国工程院院士、自动控制专家李耀滋，李先生回信很同意物理、事理的提出，并建议加上 "人理"（motivation）[3,4]。由于当时的政治气氛以及系统工程界的应用多偏工程，因此还是更为重视 "事理"，未把 "人理" 提到应有高度 [4,5]。总起来看，20 世纪 70 年代末期，"物理"、"事理"、"人理" 的提法均已出现且含义明确，同时各自相对分立、所受重视程度不同，没有形成一个连贯的整体性概念。但 "物理"、"事理"、"人理" 的明确提出，客观上为 WSR 方法论的出现奠定了基础。因此，将这一阶段视为 WSR 方法论的酝酿时期。

20 世纪 80 年代中期，顾基发在为中共中央办公厅干部班讲授系统工程时，发觉领导干部对 "人理" 确有所长，尽管他们有时缺乏自然科学和管理科学的知识 [6]。在这期间，受到一些软科学研究者的启示 [5]，也通过对前人观点的继承、强调以及综合 [7]，顾基发把 "物理"、"事理"、"人理" 放在一起，针对领导干部提出了 "懂物理、明事理、通人理" 的具体论点 [6]。这就把 "物理"、"事理"、"人理" 贯穿起来，形成一个较为完整的概念或观点。另一方面，顾基发等不但观察到不少系统工程

---

①② 中国科学院数学与系统科学研究院.
③ 西北工业大学.

项目虽然对物理、事理有清晰理解，但由于不懂人理而失败[3]，而且更是在亲身参与的北京及吕梁地区发展战略研究、全球气候变化、三峡工程生态环境评价等项目中[4]，渐次加深了对"人理"及其作用的理解与重视，从而把它与"物理"、"事理"相提并论。这一阶段，"物理 – 事理 – 人理"得以贯穿提出，"人理"的重要性被提到应有高度，可视为 WSR 方法论的萌芽时期。

1.2　形成与提出：催生 WSR 方法论的文化碰撞

20 世纪 80 年代初期，针对此前运筹和系统工程学界因为过分量化和数学模型化而在解决社会实际问题（议题）时遇到的困境，国际上很多学者开始对以霍尔三维结构为代表的系统工程方法论（硬系统方法论）进行反思[5]。反思的重要成果之一，是以切克兰德的软系统方法论、弗洛德和杰克逊的全面系统干预方法论等为代表的西方学者提出的一批软的系统方法论[3,5]。在此期间，中国科学院应用数学研究所的桂湘云送给顾基发一本名为 *Rethinking the Process of Operational Research and System Analysis* 的书（该书 1984 年出版，基础是 1980 年 8 月在国际应用系统分析所召开的主题为 "Rethinking the Process of System Analysis" 的会议文集），内含 12 篇论文和 1 篇总结文章[4,8]。正是这些西方学者的文章，引起了顾基发对软系统的思考和对"物理、事理、人理"的通盘思考[4]。

与西方学者的反思努力相平行，东方的学者们也在各自探索着适用自己实际的系统方法论。1987 年，日本著名的系统和控制论专家椹木义一与其学生中山弘隆和中森义辉合作提出了 Shinayakana 系统方法论，体现了既软又硬的处理方法，并把它用于日本的环境问题研究[5]。1990 年，钱学森、于景元、戴汝为等在总结国内外系统理论发展及中国自身实践经验的基础上，提出了"开放复杂巨系统"概念及相应的"从定性到定量综合集成方法论"，成为中国系统方法论发展过程中的一个重要里程碑[3]。1992 年，王浣尘提出了"难度自增殖系统"概念及相应的"旋进原则方法论"[9]。

尽管西方和东方的学者们差不多同时对硬系统方法论进行反思，但由于各自在文化、哲学、思维、社会等背景上的差异，双方的交集并不多。1993 年 5 月[5]和 1994 年 3 月[3]，顾基发等在日本访问期间向有关方面介绍了钱学森等的方法论，并与椹木义一和中森义辉探讨了系统方法论的合作研究；考虑到双方对东方文化背景的认同，决定将椹木义一和钱学森各自提出的系统方法论作为研究和开发"东方系统方法论"的起点[3]。自此，东方学者们的系统方法论研究有了相对统一的目标。

1994 年 9—10 月，顾基发在 Hull 大学系统研究中心访问期间，一方面向英国学者介绍了联合开发东方系统方法论的思想,另一方面依托该中心对欧美各种系统方法论的研究基础和他本人对东方特别是中国文化、传统的思考及在国内的实际工作案例和经验,努力学习西方系统方法论的核心思想及方法论构建过程,并通过与朱志昌等人的持续交流探索,最终与朱志昌共同提出了物理 - 事理 - 人理系统方法论,并于 1994 年 10 月 26 日在系统研究中心举办的亚太研究论坛上作了一个小时的正式报告,题目为 "An oriental systems approach: W-S-R approach"[3-5]。要指出的是,WSR 方法论的一些核心内容,如工作流程、工作结构和三维图等,源于由顾基发、唐锡晋等负责的 "秦皇岛引青水资源管理决策支持系统项目(1991—1994)"。在该项目研制过程中,顾基发、唐锡晋等已有意识地使用 "物理 - 事理 - 人理" 的思想方法,并从中获得了定性与定量结合、人 - 机结合、人 - 人结合等具体教益[5]。可以说,WSR 方法论先是植根于中国,后在西方系统方法论研究背景下形成,是东、西方系统方法论研究合作的结果[3]。

整体而言,WSR 方法论得以提出,既有顾基发和唐锡晋等人一系列面向实际的科研项目作为经验准备,也有顾与椹木义一、中森义辉、Midgley 和朱志昌等人的深入讨论与交流作为理论准备,既与国际范围内系统方法论的软化趋势相关,更与钱学森、许国志、刘源张、顾基发等学者对 "人理" 的特殊敏感性有关[7]。

1.3 小结:文化自觉与哲学自省

综观 WSR 方法论的提出过程,有两点特别值得关注,即学术研究中的文化自觉和哲学自省。

关于文化自觉,可从 "人理" 最初被提出但不受重视,直到成为 WSR 方法论的有机组成来观察。李耀滋先生的回信中,建议在物理、事理之后加上 "人理",自有其理性思考和他在中、美两国的人生经验及感悟等因素,而中国当时刚刚结束 "文革",对个人、人性的讨论仍为禁忌。这种客观存在的文化 "落差" 和当时国家面临的百废待兴的建设任务,应是造成其时中国系统工程界 "见 '物' 不见 '人'" 的遗憾的主因,但是当时刘源张已经强调在企业中推广系统工程要重视人的作用,随后也得到了钱学森的认同。进入 80 年代,求真的风气和自由的气息弥漫,在这样的环境中,重视人的因素的软科学兴起,科学家也能畅所欲言,从而也有了顾基发针对领导干部所提出的 "懂物理、明事理、通人理"。顾基发对 "人理" 的关注,恰从他所授课的领导干部这一群体而起,这不能不说是一种文化自觉。在引起顾基发对 "人理" 更为重视的相关项目实践中,这样的经验越来越多:听取领导意图、与领导坦率交流,人们的认识水平、认知局限与自利倾向,人 - 机协调与人 - 人协调,等等[4]。正是通过对中国本土环境中特定文化因素的感知、把握和利用,顾基发等完成了学术层面对 "人理" 的文化自觉。

关于哲学自省，可从 WSR 方法论提出过程中的国际学术交流来观察。首先，引起顾基发对 "物理、事理、人理" 进行通盘思考的媒介，正是由西方学者完成的对运筹学和系统分析的一组反思文章。而无论是椹木义一等的 Shinayakana 系统方法论，还是钱学森等的从定性到定量综合集成方法论，顾基发或主动与之对话，或主动融入其中，这些都反映出他对国内外同行在系统方法论领域有进一步的思考，此即自省或反思。当顾基发在 Hull 大学一边努力学习西方系统方法论思想及构建过程，一边与朱志昌等人围绕 WSR 方法论紧密交流探讨时，他实质上是通过东西方思想文化的碰撞，成功实现了东西方系统方法论的合作研究。

2. WSR 方法论的推广

WSR 方法论的问世，以顾基发、朱志昌发表 "*The Wu-li, Shi-li, Ren-li approach (WSR): an oriental systems methodology*" 为标志，该文收录在 1995 年 5 月由 Hull 大学出版的文集 *Systems Methodology: Possibilities for Cross-Cultural Learning and Integration* 中。在此前后，以顾基发、朱志昌为核心，WSR 方法论（WSR）的推广即已展开。

2.1　三次中英日联合会议与 "Systemic Practice and Action Research" 论文专辑

2.1.1　三次中英日联合会议

Midgley 教授等介绍过三次中英日联合会议的基本情况，并把它们作为 "Hull-北京" 研究计划的一部分 [10]。作者在此补充一些有益的信息。

顾基发在 1993 年 5 月和 1994 年 3 月两次访日时，都专程拜访了椹木义一教授并提出在系统方法论研究方面进行合作，也正是椹木义一建议双方合作的主要内容为 "东方系统方法论"。1994 年 9—10 月，顾基发首次到访 Hull 大学系统研究中心期间，与朱志昌和 Midgley 制订了 "Hull-北京" 研究计划，而椹木义一和中森义辉也有意加入该计划。于是中、英、日三方联合于 1995 年 5 月 23—25 日在北京召开了一个国际性、跨文化的系统方法论会议（即首次中英日联合会议）。这次会议得到中国国家自然科学基金委员会的资助，并由 Hull 大学出版文集 *Systems Methodology: Possibilities for Cross-Cultural Learning and Integration*。

1995 年 11 月，受英国皇家学会邀请，顾基发再次来到 Hull 大学系统研究中心，与朱志昌一起完善 WSR。1995 年 12 月，按照中国科学院与英国皇家学会的交流协议，Midgley 到访北京进行学术交流，并与顾基发就跨文化学习的可能性展开合作研究。1996 年 3 月，朱志昌来华短期访问，专门介绍了 WSR 在国外的影响。1996 年 5 月在日本召开的第二次中英日联合会议，确定将在 "Systemic Practice and Action Research"(SPAR) 期刊上出一次相关专刊。1997 年 8 月，第三次中英日联合会议拟定在英国 Hull 大学召开，虽然正式会议最终未能进行，但已到会的部分代表仍进行了交流，且照旧由 Hull 大学出版了会议文集。

作为主要发起人，顾基发、中森义辉、Midgley 和朱志昌既通过三次会议促进了相关国家学者在系统方法论领域的跨文化交流与合作，也利用会议提供的各种场合大力推广 WSR，使得它在较短时间内获得了一定的国际影响力和认可度。在中国国内，杨建梅等撰文对第二次中英日联合会议情况进行了述评，文中把 WSR 与软系统方法论、全面系统干预方法论相并列，并提出 "物理、事理、人理分别与天、道、人相对应"[11]。

2.1.2　SPAR 期刊专辑

2000 年 2 月，作为对 "Hull- 北京" 研究计划的阶段性总结和对第二次中英日联合会议所做决定的响应，由 Hull 大学系统研究中心主办的 SPAR 期刊，在当年第 1 期以 "中国的系统思维" 为题出版了专辑，其中 5 篇原创性论文中的 4 篇全部围绕 WSR 展开 —— 这应视为 WSR 获得自身国际地位的一个里程碑。

上述 4 篇论文分别探讨了 WSR 的如下方面：(1) WSR 的提出背景、哲学理念、工作流程、实施原则与实际应用[12]；(2) WSR 形成与实践的哲学基础[13]；(3) WSR 在水资源管理决策支持系统中的具体应用及其所展示出的对人际关系的洞见[14]；(4) 如何更好地来处理 WSR 中 "人理" 所对应的人际关系问题[15]。这 4 篇论文完整展示 WSR 的全貌，阐释了其哲学根基、示范其应用过程，最后对受到较多关注的 "人理" 进行深入探讨。自此，WSR 在国际范围内得到了自提出以来最为充分的一次阐释和展示，也为其在国际上获得认可和开展推广奠定了坚实基础。

2.2　朱志昌的国际推广努力

1993 年，来自霍尔大学系统研究中心的朱志昌，参加了由顾基发组织召开的一个关于系统思维的会议，这是两人初次碰面并就西方系统思想进行交流，也是他们后续长期合作的起点[10]。在与顾基发共同提出并发表 WSR 后，朱志昌对这一方法论进行了有效的国际推广。

1996 年 5 月，在第二次中英日联合会议文集中，朱志昌整理发表有关 WSR

的国际对话[16]，在英方出版的第三次会议文集中，他与顾基发发表了 WSR 工作过程中任务与方法的论文[17]；6 月，在香港大学召开的首届"多学科知识与对话"国际会议上，朱志昌应邀作大会报告，对 WSR 做出全面阐述并就跨文化交流面临的挑战提出见解[18,19]；朱志昌还与一些杰出的欧美系统思想家开展讨论，并于 7 月在国际系统科学学会（ISSS）第 40 次年会上，就 WSR 与 ISSS 前主席 Harold Linstone、Donald de Raadt 分别提出的 TOP 方法论、MMD 方法论进行比较，也因此与他们就这些系统思想间的异同进行辩论[10,20,21]，此外他还在 ISSS 同期发起的"整体性"电子论坛上撰文介绍 WSR 及其与新儒家思想间的关联[22]。这些活动，促进了 WSR 在国际上的直接推广。

1997 年，在第三次会议文集中，朱志昌一方面对有关 WSR 的评论给与回应[23]，另一方面还与顾基发回顾了 WSR 在中国一些评价活动中的应用[24]；此外，他还在 ISSS 第 41 次年会上介绍了包括 WSR 在内的东方系统方法论的发展状况[25]。

1998 年到 1999 年，朱志昌继续在一些国际会议和国际期刊上，介绍 WSR 在管理、综合管理决策及其建模[26-28]、信息系统设计与开发[29,30] 等领域中的应用以及它所带来的文化影响[31,32]，期间他还对 WSR 与 TOP 方法论进行比较研究[33]，并对此前与顾基发的合作研究进行回顾[34]。

2000 年，在 SPAR 期刊论文专辑中，朱志昌贡献了其中的两篇原创性 WSR 论文。同年，朱志昌还发表了 3 篇论文：一是以 WSR 为案例，从跨文化的知识转移视角研究提出了一个相应的概念模型[35]；二是与 Linstone 合作，从各自框架、异同、文化传统、相互学习启发的途径等方面，对 TOP 方法论和 WSR 进行了全面的比较研究[36]；三是把 WSR 上升为信息系统开发的方法论，并进行了全面解析[37]。

综观 1996 年到 2000 年这五年间，朱志昌通过与顾基发、Linstone、Midgley 等学者的密切交流与合作，不仅为把 WSR 推向国际学术舞台做出了贡献，而且还把 WSR 的研究拓展至国际比较、哲学、文化、管理与决策、信息系统开发等领域。可以说，朱志昌是 WSR 在英文世界里最为重要的一个旗手，用他自己的话说，"方法论成型后，顾先生 WSR 研究小组继续对 WSR 多作实际项目的应用检验和国内的推广工作，我则主要负责将 WSR 与国际接轨，把 WSR 推向世界"[38]。在 21 世纪初他将 WSR 与知识管理结合起来。

2.3 顾基发、唐锡晋等的项目应用

顾基发、唐锡晋等通过一系列实际项目应用及相关活动，让 WSR 在中国国内落地生根。从 1991 年的"秦皇岛引青水资源管理决策支持系统"项目开始，到 2014 年结束的"混合网络下的社会集群行为感知与规律和研究"（国家科技部 973 项目）

的 23 年间，顾基发、唐锡晋等通过在所参与的 14 个项目中具体应用 WSR，实现了对它的总结、持续完善和有效推广。这些项目包括 [4]：

（1）区域水资源管理决策支持系统（秦皇岛市，1991—1994)[6, 14, 134, 135]；

（2）商业设施与技术装备标准体系制定（内贸部，1995—1996) [6, 40]；

（3）塔里木地区可持续发展（国家科委与加拿大国际发展研究中心，1996)；

（4）科技周转金项目评价（国家科委，1996—1997)；

（5）商业自动化综合评价（国家计委和内贸部，1997—1998) [6, 41]；

（6）高技术开发区评价（国家科委，1998) [6]；

（7）海军舰炮武器系统综合评价（海军装备论证中心，1996—1998) [44, 45]；

（8）劳动力市场评估（世界银行和劳动部，1996—1998)；

（9）航天飞行器安全性（航天部一院，1996—1999)；

（10）交通运输结合部（1998—2000)；

（11）企业管理软件包的研发（1999—2000) [136]；

（12）大学评价（1999—2000)；

（13）支持宏观经济决策的人机结合的综合集成体系研究（国家自然科学基金重大项目，1999—2003) [6, 137]；

(14) 混合网络下的社会集群行为感知与规律和研究 (国家科技部 973 项目，2010—2014)。

第（1）个项目的实施和总结，与 WSR 的直接提出密切相关；该项目不仅形成"理解（领导）意图 – 制定（系统）目标 –（现场）调查分析 –（反复讨论后）构造策略 –（提供但不决定）选择方案 –（定性定量结合）实现构想 + 协调关系"的方法论工作流程，还总结出首个物理、事理、人理三维工作图 [4,6]，并提出了谈判协调、技术协调、实践协调等方法 [134]。借由该项目，唐锡晋、顾基发从软系统方法视角深化了对包括 MIS 和 DSS 在内的管理支持系统的相关思考 [39]。

项目（2）针对当时中国"已有的近万项标准，竟没有一个商场设计方面的标准与规范"的迫切需要，以 WSR 为指导原则，研究提出包括 8 个系统在内的商业设施与技术装备标准规范体系，涵盖 62 个专业，40 个相关标准、要求与条例，以及 67 个标准规范条目等，并通过当时国家科委、国内贸易部的联合鉴定 [40]，有力促进了国内商场行业的后续变革。与此相关联，项目（5）以当时国家计委在"九五"期间资助的一项面向商业自动化及其试点工程的计算机技术集成重点项目为背景，重点研究其中的集成商业信息系统综合评价问题，通过应用 WSR 来满足商业自动化领域的多场景分析需求，进而提出可操作的"环境/机制 — 功能 — 有效性"的商业信息系统评价指标框架结构 [41]。

项目（9）针对当时中国航天系统刚刚起步的安全性定量分析工作，以 WSR 所强调的 "定性与定量结合"、"人 – 机结合" 等为指导思想，引入国外适用的概率风险评估（PRA）方法并通过实际应用加以改造，从而提出了能够很好适应当时国家航天系统安全性分析需要的 CPRA 方法 [42,43]。项目（7）涉及的问题最初一度被视为一个 "硬问题"，但由于人为因素（尤其是用户内部的特殊文化）以及用户和开发者之间的利益冲突所带来的巨大影响，"硬问题" 变为了 "堆议题"，由此 WSR 的工作流程被用来梳理这些议题，最终得到了用户和开发者都认为可行的解决方案 [44,45]。

项目（12）使用 WSR 对中国和日本的大学进行评价，其中的物理、事理、人理分别关注基本总量数据、人均效率与投资效率数据、校院长及专家评价。研究发现，中国非常注重用 SCI 论文的数量来评价一个大学的主要研究成果（尽管 SCI 论文的数量和人均生产效率都不取决于科研经费的多少），同时忽视了很多国内的研究活动及科研成果；而日本没有把 SCI 论文作为大学评价项目（日本一些专家对 Chemical Abstract(CA) 更感兴趣，因为 CA 不仅收集英文论文杂志，也收集本国语言杂志），它的私立大学对学生的企业就职率十分关心而对文章数并不留意，这在国立大学恰恰相反 [46]。

以上这些项目应用，对当时中国的区域管理、商业发展、民用航天与武器装备建设以及大学建设等重点领域，均起到了明显的推动与促进作用，同时也在国家部委等较高层次充分展示了 WSR 的功能与特色，从而既使 WSR 在较短时间里获得检验和认可，客观上也完成了对它在中国国内的有效推广。

3. WSR 方法论在国际国内的初步影响

凭借三次中英日联合会议的广泛交流，依靠朱志昌不懈的推广努力，通过顾基发、唐锡晋等的持续项目应用，特别是 SPAR 论文专辑的刊发，使得 WSR 在 2000 年前后，就在国际上和中国国内获得了一定影响。

3.1　WSR 方法论在国际上的影响

国际方面，较为重要的影响表现为 [38]：在 1999 年的 ISSS 年会上，朱志昌与 Linstone、de Raadt 以 "三驾马车" 的形式，向会议作了专题报告 "系统管理 —— 中国，美国，欧洲"；Linstone 在 1999 年将 "物理、事理、人理" 归为多维系统管理模型的代表；ISSS 网站设置的系统方法论专题，把 WSR 与 TOP 方法论、MMD 方法论、TSI 方法论共同列为 "整合系统方法论"；夏威夷大学成中英教授认为，WSR

在"中国管理科学化,管理科学中国化"方面做了有益工作;2000 年,UNESCO 出版的《生命支持系统大百科全书》将 WSR 列为专条。

此外,爱尔兰管理科学学会主席、都柏林大学学院的 Cathal M. Brugha 教授,在 1998 年、2001 年连续撰文对 WSR 和西方决策科学中的思维法则模型(nomology)进行比较研究,发现物理、事理、人理可与后者的三个核心维度即 adjusting、convincing、committing 相互对应,进而提出在跨文化及跨领域的思维决策过程中存在着共有结构的观点,他同时建议中国的系统学者可参照西方的模型来阐释自身在东方文化背景下取得的实际项目经验,而不是直接利用西方系统理论来表述中国的系统实践 [47,48]。

其它表现方面:菲律宾学者 G. Jahn 针对稻谷生态系统中害虫与营养物综合管理研究中的方法问题,提出 WSR 可对相关的演绎、归纳及适应性方法予以综合 [49];英国 Aston 大学的 John B. Kidd 在探讨和过程理论研究相关的系统建模时,所对比的东西方方法即为 WSR 和 SSM 方法论 [50];在 2002 年的 ISSS 年会上,西悉尼大学的 Roger Attwater 对 WSR 的哲学基础和实用哲学的新近观点进行比较,认为不同元方法论之间的融合和跨文化系统实践的推动具有积极意义 [51],来自美国、加拿大和芬兰的 5 位学者,报告了他们应用 WSR 对三峡大坝工程所开展的实地调查研究 [52]。

特别地,WSR 得到了日本一些学者的重视和认可。1997 年,顾基发与同在英国林肯大学管理学院访问的日本东京工业大学的木嶋教授有所交流,而后木嶋教授在他的访问日记中,专门记录了他在该学院听顾基发介绍 WSR 的报告后对 WSR 的主要认识 [53]。中森义辉(1998 年)、顾基发(1999 年)先后到日本先端科学技术大学(JAIST)执教,并继续在系统方法论方面合作研究,此后唐锡晋、朱志昌也先后多次到该校开展系统方法论和知识科学的合作研究,他们并在 2000 年启动了知识科学和系统科学的 KSS 国际会议(以后每年召开一次,2016 年年会在日本神户举行),会议中有关 WSR 的文章不断出现。

要指出的是,顾基发还在日本先端科学技术大学开设了系统方法论的研究生课程,他指导的两个日本硕士生安部元裕和山本明久,都以 WSR 为指导开展研究,前者用在品牌和广告评价 [54],后者用在中日大学评价 [55] 且研究成果在中国系统工程年会上作了报告 [46]。2001 年,顾基发在由复旦大学举办的"海峡两岸高等教育研讨会"上专门介绍了山本明久的工作,由于与其它大学评价方法的思路相比,WSR 具有新颖性和独创性,因此受到会议主席、时任复旦大学副校长孙莱祥教授的好评 [56]。

特别要指出的是,顾基发在先端科学技术大学执教时(1999–2003),和中森义辉在 WSR 的研究上相互支持,中森在他的几本书中也多次介绍了 WSR。比如: 中森在《系统工学》(*Systems Engineering*)(2002)的第十一章 "展望" 的 11.3 节,专门介绍 WSR[57];在中森主编的*Knowledge Science: Modeling the Knowledge Creation Process*(2012)一书中,专门邀请顾基发撰写了第五章 "Knowledge Synthesis",其中也介绍了 WSR[58];在中森的新书*Knowledge and Systems Science: Enabling Systemic Knowledge Synthesis*(2014)中,第二章 "系统方法论" 的 2.4 节 "东方系统方法论",再次介绍了 WSR[59]。另外,日本著名的知识管理专家野中郁次郎与朱志昌在知识科学与 WSR 方面的合作研究,促使他们在 2012 年写成了专著*Pragmatic Strategy: Eastern Wisdom, Global Success*,该书一出版就受到国际上知识管理界的很多好评 [60]。

综上,WSR 正式提出之后,在较短时间内得到了国际系统学界一流学者和权威机构的重视、接纳和认可,由此也引发多个领域的跨文化思考。此后,来自日本、韩国、菲律宾、英国、爱尔兰、瑞典、芬兰、美国、加拿大以及澳大利亚等多个国家的学者均利用 WSR 开展了相关研究。这些都可以视为 WSR 作为一种东方系统管理方法论在国际上所取得的 "成功"。

3.2　WSR 方法论在中国国内的影响

国内方面,分以下几个层次来介绍 WSR 的具体影响。

3.2.1　在学界的基本影响

1996 年 6 月,唐锡晋在第 58 次香山科学会议 "中国传统文化与当代科学前沿发展" 上(陈述彭院士、席泽宗院士为会议执行主席),以 "系统工程与软运筹学" 为题介绍了 WSR。在这次会议上,包括 WSR 在内的六项成就,被与会专家学者评价为中国学者在充分利用中国传统文化方面取得的杰出科技成果 [61]。这次会议后,席泽宗院士还在其它场合的报告中专门谈到: 搞系统工程的,只考虑对物和技术的重视是不够的,还要考虑 "事" 和 "人" 的因素;顾基发根据 "天人合一" 思想,提出了 WSR 系统方法论,此方法论认为处理复杂问题时,既要知 "物理",又要明 "事理"(考虑 "物" 如何更好地被运用的 "事" 的方面),最后还要通 "人理"[62,6]。

2010 年 11 月,由中国科学院数学与系统科学研究院、华中科技大学管理学院和管理学报杂志社共同主办的 2010"中国·实践·管理" 论坛在北京举行。本次论坛是中国管理学界首次以实践为主题的全国性学术研讨会,是以探讨直面中国管理实践基本问题为中心的讨论会,因此也受到国家自然科学基金委员会、全国

MBA 教学指导委员会的重视,并有来自全国近 30 所高校、科研院所及企业的 50 余名专家学者参加研讨 [63,64]。作为大会特邀的 5 位主题报告人之一,顾基发重点介绍了 "物理 – 事理 – 人理系统方法论" 及其实践案例。会上与会后有不少学者提到 WSR 是中国的管理学派。顾基发还在国内很多会议和一些大学和研究机构做有关 WSR 的学术报告。2012 年中国系统工程学会授予顾基发系统工程理论贡献奖。上述情况大体能够反映 WSR 在中国管理学界的基本地位和重要影响。

3.2.2 中文期刊文献

在 WSR 提出之后,1997 年 3 月发表的文献 [65] 是国内较早对它进行引介的文章,在谈到处理复杂问题的方法时,该文论及 WSR 的特点及其所展现的 "在更广泛的范围内建立联系,进行综合的研究" 的发展趋势。同年 4 月由赵丽艳、顾基发发表的文献 [66],再次对 WSR 进行介绍,并就其在评价方面的应用做出初步探讨。进入 1998 年,顾基发和高飞等的 4 篇文章是研讨 WSR 的主要期刊文献 [67-70]。1999 年,张文泉发表 "系统科学方法论及其新进展",所列举的主要进展包括了 SSM 方法论、WSR 和该作者提出的广义系统方法论 [71]。与此同时,由顾基发、唐锡晋等参与的项目应用相关成果的陆续发表,也为 WSR 扩大影响起到了促进作用。从 2000 年到 2005 年,以文献 [3]、[38] 及 [72] 为引领,WSR 在中国国内的知晓度开始提升,同期对 WSR 直接进行讨论或应用的文章大体每年在 10 篇以内。

2000 年到 2001 年,北方交通大学张国伍教授团队的研究工作引人注目,他们结合 WSR 对 "交通运输结合部" 的管理模式、北京公交智能化调度系统总体设计以及运输安全系统等实践中的新问题开展系列研究 [73-76],既取得了重要的理论成果,也丰富了 WSR 的应用。华南理工大学张彩江和孙东川的论文 "WSR 方法论的一些概念和认识",是此间一个重要的理论成果,该文认为 "作为方法论,WSR 应面向复杂",并在综合比对的基础上提出物理、事理、人理的一组定义,还针对 WSR 步骤的完善提出了自己的见解 [77],由此推动对 WSR 的深入探讨。其它方面研究相对集中在评价领域 [78-81]。

从 2002 年开始,WSR 在中国国内的广泛影响开始在文献中体现出来,经作者统计,到 2005 年这四年里,除在交通行业和评价领域中继续发挥影响外,WSR 还在行业管理实践和领域管理研究,电子商务、电子政务及企业 BPR 系统应用,地理研究等多个层面发挥了显著影响。特别地,文献 [82] 提出 WSR 可与 SPIPRO 方法论、综合集成相结合,并至少派生出 4 种方法论,从而对 "从定性到定量综合集成" 做出可能补充。

3.2.3　中文著作与教材

著作方面。2006 年 10 月，上海科技教育出版社正式出版由顾基发和唐锡晋合著的《物理–事理–人理系统方法论：理论与应用》一书，目前该书已成为了解和学习 WSR 的权威读本，同时也是中国国内惟一的 WSR 研究专著。

教材方面。在上述专著出版前，WSR"在国内尚未引起足够重视"[83]，所以对其进行介绍的系统工程类教材相对不多（约 11 种）；在上述专著出版后，WSR 得到更多重视，因而有更多的教材对其进行引介（约 21 种）。表 1 初步搜集整理了目前国内可见的对 WSR 有专门介绍的系统工程类教材。

表 1　中国国内对 WSR 有专门介绍的系统工程类教材（2000—2013）

编著者	教材名称	出版社	出版时间
许国志等	系统科学与工程研究	上海科技教育出版社	2000.10
汪应洛	系统工程（第 3 版）	机械工业出版社	2003.7
高志亮，李忠良	系统工程方法论	西北工业大学出版社	2004.8
孙东川，林福永	系统工程引论	清华大学出版社	2004.10
佟春生	系统工程的理论与方法概论	国防工业出版社	2005.8
周德群	系统工程概论（第 1 版）	科学出版社	2005.10
吴祈宗	系统工程	北京理工大学出版社	2006.1
喻湘存，熊曙初	系统工程教材	清华大学出版社&北京交通大学出版社	2006.2
薛惠锋等	现代系统工程导论	国防工业出版社	2006.4
陈宏民	系统工程导论	高等教育出版社	2006.4
顾基发等	综合集成方法体系与系统学研究	科学出版社	2007.1
汪应洛	系统工程学（第 3 版）	高等教育出版社	2007.2
苗东升	系统科学大学讲稿	中国人民大学出版社	2007.11
郝勇，范君晖	系统工程方法与应用	科学出版社	2007.12
汪应洛	系统工程（第 4 版）	机械工业出版社	2008.8
孙东川等	系统工程引论（第 2 版）	清华大学出版社	2009.5
陈庆华，李晓松	系统工程理论与实践	国防工业出版社	2009.12
苗东升	系统科学精要（第 3 版）	中国人民大学出版社	2010.3
王众托	系统工程	北京大学出版社	2010.4
吴今培，李学伟	系统科学发展概论	清华大学出版社	2010.4
孙东川，朱桂龙	系统工程基本教程	科学出版社	2010.5
周德群	系统工程概论（第 2 版）	科学出版社	2010.7
谭跃进等	系统工程原理	科学出版社	2010.11
刘军等	系统工程	北京交通大学出版社	2011.3
汪应洛	系统工程（第 4 版）	机械工业出版社	2011.6
周华任等	系统工程	清华大学出版社	2011.9
陈庆华等	系统工程理论与实践（修订版）	国防工业出版社	2011.10
肖艳玲	系统工程理论与方法（第 2 版）	石油工业出版社	2012.7
王众托	系统工程引论（第 4 版）	电子工业出版	2012.8
陈磊等	系统工程基本理论	北京邮电大学出版社	2013.6
李惠彬，张晨霞	系统工程学及应用	机械工业出版社	2013.9

3.2.4 博士学位论文及国家自然科学基金

博士学位论文。在 WSR 提出初期，中国科学院系统科学研究所的唐锡晋（1995年）[134]、高飞（1999 年）[84]、赵丽艳（2000 年）及清华大学核能技术设计研究院的赵秀生（1996 年）[85]，即在各自博士论文研究中对其有所应用。2001 年至 2012 年，约有 18 篇博士论文基于 WSR 开展研究，主题涉及多目标优化、空间复杂模型、智能运输系统、数据库知识发现模型、城市系统工程、管理系统动力机制、水库调度分析、飞机寿命周期费用管理、OEM 企业知识管理、供应链应急管理、合伙创业伙伴选择、知识工作认知、作战仿真、人件服务、健康办公系统设计、石漠化治理、区域生态安全管理、都市农业旅游可持续发展等 [86-103]。特别要提到寇晓东的博士学位论文 (2006 年)，"基于 WSR 方法论的城市发展研究: 城市自组织、城市管理与城市和谐" 将系统科学中自组织和序参量概念引入城市发展研究，并且针对具体城市加以计算 [90]。此外还有约 35 篇硕士论文不同程度地应用了 WSR。

国家自然科学基金。典型应用如国家自然科学基金重大项目 "支持宏观经济决策的人机结合综合集成体系研究" 的子课题三，"支持宏观经济决策综合集成方法体系与系统学研究"（顾基发，79990583），即以 WSR 等作为研究基础，其成果集中体现在专著《综合集成方法体系与系统学研究》当中 [104]。其它已有应用见表 2。

表 2 对 WSR 进行应用的若干国家自然科学基金项目

主持人及依托单位	基金名称	批准号
顾基发，中国科学院	软系统方法论及其应用	69474033
杨建梅，华南理工大学	对软系统方法论理论与方法的改进研究及应用	79470029
唐锡晋，中国科学院	宏观决策与微观运行信息集约化及可视化建模方法研究	79600024
张国伍，北京交通大学	交通运输企业结合部系统管理理论与方法	79770003
张彩江，华南理工大学	基于 WSR 系统方法论的企业复杂价值工程/价值管理理论与新方法研究	70471086
马龙华，浙江大学	一类具有模糊不确定性的工业系统鲁棒优化及智能优化算法研究	60474064
胡宝清，广西师范学院	基于案例推理与 WSR 系统的西南喀斯特石漠化治理模式研究	40871250
李春好，吉林大学	基于 WSR/TOP 思维整合的交替式非线性变权层次分析方法研究	70971054
潘星，北京航空航天大学	基于失败的知识创新范式: 理论与实证研究	70901004
李亚，北京理工大学	政策制定中多元利益共赢的理论与方法研究	70973008
陈菁，河海大学	基于 WSR 方法论的农村饮水安全水价研究	51079041
张强，西北师范大学	西部国家重点生态功能区生态安全预警和政策调控研究	71263045

3.2.5 各种实际项目

WSR 提出后，顾基发、唐锡晋等即开展一系列实际项目的应用，本文 2.3 节对此已有介绍。此外前文述及的中文期刊文献及博硕士论文，大都有实际项目应用作为支撑，因此也可视为 WSR 在项目应用中的实例。限于篇幅，此处仅举一例:

文献 [94] 的作者韩建新博士，应用 WSR 建立了所在 OEM 企业（陕西中富公司）的知识管理系统框架，通过在企业内部成立 "企业竞争力提升小组" 专责推进企业知识管理的试点导入及全面实施，企业生产效率、经济收益和员工收入等得到显著提升，韩建新博士及小组负责人赵威硕士因此先后获得 2009 年度及 2010 年度 "中国知识管理人物" 称号。

3.2.6　由顾基发本人的课程推广所推动的相关研究

1998 年，顾基发在北京交通大学（北方交通大学）开设 "系统工程方法论导论" 博士课程，由此推动 WSR 在交通等领域的系列研究，文献 [73-76] 即是这些研究的典型体现。2006 年初新华出版社推出《打败麦肯锡》一书，曾引起业界热议，而该书作者王瑶就在北京交通大学系统工程专业攻读硕士期间学习过顾基发的课程。因此，书中为中国企业管理思想开出的 "系统范式 + 东方文明" 药方 [105]，明显受到 WSR 的影响。在王瑶看来，"麦肯锡" 们虽然长于物理、事理的研究分析，而且意图通过雇用本地人才来做好本地业务，以实现人理层面的目的，但最终因为不懂得中国人际关系的实际运作等因素，致使很多项目失败，从而借由人理层面的突破等，可以谋求在未来 "打败麦肯锡"。这个研究结论及其对中国本土咨询行业带来的深层影响，也是由 WSR 生出的一个重要果实。

4. WSR 方法论的应用分析

4.1　WSR 方法论国外应用情况扼要分析

除了在 2000 年 SPAR 论文专辑外，从 2001 年至今，每年都有以英文撰写的相关论文发表在国际期刊或国际会议上，涉及领域也较为丰富。其中：

朱志昌的研究主题涵盖信息系统设计与开发 [106,107]、知识管理 [108]、当代中国改革 [109] 及战略研究 [60]，一些欧洲国家（爱尔兰、法国、俄罗斯）学者的研究与前两个主题紧密相关 [110-112]。

此外，澳大利亚悉尼大学的 Ian Hughes 与中国四川大学的 Lin Yuan 提出 WSR 是具有中国特色的行动研究的方法 [113]；加拿大渥太华大学的 Denis Caro 利用 WSR 建立起跨国和跨文化的电子健康网络的共生演化概念模型 [114]；英国利物浦约翰莫尔斯大学的 Zude Ye 和 Maurice Yolles 把 WSR 视为一种知识模式（三 "理"）和道家的 "精气神"（三 "宝"）相对应，再以知识控制论的模式阐述道家思想，进而提出一种能够贯通西方景观理论和道家风水理论的新方法 [115]；芬兰汉肯经济学院的 Pia Polsa 在分析民族志研究的 crystallization 方法时，将其中的意识、身体、精神要素,与物理、事理、人理进行了关联比对分析 [116]。

还有中国国内多位学者,把和 WSR 有关的国内应用成果相继发表在国际期刊和国际会议当中,对境外的相关应用也起到了促进作用。

综合来看,WSR 自提出以来,先后被欧洲、北美、澳洲和亚洲区域内的多个国家及地区的学者加以研究应用,学科领域的覆盖面较为广泛,从而在系统方法论的国际大家庭当中能够成为独树一帜的东方系统方法论。

4.2 WSR 方法论国内应用情况概要分析

4.2.1 已有分析

2007 年发表的文献 [5] 介绍了 WSR 的由来和基本内容,列举当时约 30 个国内外应用案例(国内 26 个),总结出相关文献涉及的 24 个主题领域,并着重探讨了从斡件(orgware)到人件(people ware)共 11 种处理人理的方法,同时对该方法论的可操作性进行展望。2011 年发表的文献 [4] 侧重介绍 WSR 提出前后的 5 个具体案例,并对顾基发亲自参与过的应用案例和 2007 年后出现的研究主题有所补充和归纳。

朱正祥等以 1994 年至 2007 年 3 月间的225 篇 WSR 相关研究论文为基础,分析了期间论文数量按年的变动趋势及原因,并结合社会网络分析工具,讨论了其中的兴趣小组及兴趣个体、文献引用网络等情况 [117]。唐锡晋等结合对文献 [117] 所用数据的筛选和更新,对 1994 年至 2010 年间的 WSR 研究文献进行复杂网络分析,主要结论包括 [118]:对应割点、介度中心性、度中心性和节点聚类标签分析,依次得到的研究主题数量为 30、25、15 和 35,这些主题的范围逐步扩展并更多朝向社会复杂系统问题("评价"是其中一个非常重要的主题领域),而包括数据挖掘、供应链管理在内的技术主题的出现,表明 WSR 的操作性提高;对合作者网络、关键词共享网络的分析,揭示出研究小组、兴趣团体的具体存在,其中顾基发居于核心地位;WSR 的研究大体分为两支,即集中在中国的应用研究和集中在英国的认识论研究与社会文化分析,这些都促进着 WSR 研究的持续发展。

4.2.2 新的分析

按照与"WSR"或"物理、事理、人理"直接相关(标题中含有)、较相关(关键词和摘要中含有)、相关(标题、关键词、摘要中未出现,但在正文中有应用,同时忽略一般性提及)三个层次,对 WSR 相关文献在 CNKI、Ei Compendex、Elsevier、Emerald、Sage、Springer、Wiley、Taylor & Francis 等数据库中进行搜集(截至 2013–12–17),共得到:

中文文献 277 篇（1997—2013），对比文献 [5] 中的数据可知，2008—2013 年间新发表文献约 193 篇，年均约 32 篇，相较此前（1994—2007）年均约 10 篇的水平，明显呈现出 WSR 应用得到扩展的趋势；

英文文献 73 篇（1996—2013），对比文献 [117] 中的数据可知，2008—2013 年间新发表文献约 41 篇，年均约 7 篇，相较此前（1994—2007）年均约 7 篇的水平，表明国外的 WSR 应用趋于稳定（如果不计国内机构作者的贡献，则年均新发表文献约 4 篇，也能反映出国外应用相对稳定的状况）。

此外，通过对 2008—2013 年间中文文献研究主题的总体分析，能看到 WSR 的应用集中体现在以下方面：（1）安全管理与评价；（2）教育教学；（3）一般管理研究；（4）管理与评价应用；（5）知识管理；（6）创业、创新研究；（7）军事与装备；（8）信息化研究；（9）社会事务；（10）旅游科学与应用；（11）灾后重建；（12）石漠化治理；（13）交通行业；（14）电力行业；（15）投融资；（16）工程招投标；（17）新型项目；（18）生态环境；（19）理论探讨；（20）其它主题。

4.3　对 WSR 方法论应用状况的初步分析

近 20 年来，WSR 在国内外的持续应用，能够反映出这一方法论的吸引力、生命力和影响力。以下从 4 个方面对其应用状况进行简要探讨。

4.3.1　适用的问题领域

国内外的已有应用表明，在以下问题领域，WSR 方法论可以发挥出明显或一定的研究指导及参考作用：

（1）管理理论与实际管理问题，典型如知识管理、安全管理、评价问题等；

（2）教育和科技问题，如大学教育、技术创新等；

（3）区域发展问题，如石漠化治理、灾后重建等，同时涉及地理、旅游、城市等学科；

（4）军事与装备问题；

（5）信息化问题；

（6）交通、电力行业问题；

（7）社会问题，如民生体育、棚户居民安置、工程招投标、犯罪等；

（8）生态环境问题；

（9）经济、商业问题；

（10）工业设计；

（11）国外机构学者较多关注的文化、哲学、认识论、方法论问题等。

4.3.2 应用的范围与层次

整体而言，在 4.3.1 节提出的 11 个问题领域里，WSR 在（1）和（11）中得到的应用最为广泛和深入，从中可以看到它作为"东方系统管理方法论"的特质；在（3）、（4）、（5）及（6）的交通行业问题中，WSR 方法论的应用也较为广泛、深入；此外，在（2）中的应用虽广泛但不够深入，在（8）、（10）中的应用虽有限却较深入，而在（7）、（9）中的应用相对有限也不够深入。

在上述应用较为深入的领域中，一般都会针对研究主题提出相应的 WSR 三维分析模型和分析、探讨、解决具体问题的图形模型。此外，作者建议关注其中具有操作性的方法，如在评价、测度等研究中出现的概率风险评估、DHGF 集成评价、DHDF 综合评价、改进 AHP-FCE，灰色模型、灰色聚类、灰色关联分析、模糊聚类、BP 神经网络，联合确定基数法、正交实验设计、三角模糊数、哈里斯批量弹性模型、巴拉特模型，以及最经济控制、管理熵、DEA、结构方程模型、统一集与集对匹配等。从中可以看到，系统科学（系统学）、系统工程研究中的一些较新概念和方法，在 WSR 的应用中也得到一定的体现和反映。

4.3.3 应用中存在的问题

主要表现在 3 个方面：

（1）已有应用中停留在定性分析层面的较多，比较深入从而得到定量或具有启发性的定性结论的应用有限；此外，因为物理、事理层面的理论研究和方法工具相对丰富，相应造成人理层面应用上的偏"软"。

（2）即使是在物理、事理层面，也还存在着一些不足。如针对物理层面的系统科学（系统学）研究的应用，因为受到国外学界影响，诸如多主体仿真 (MAS)、复杂网络 (CN) 等分析方法使用较多，但像自组织、自相似、临界等理论，由于缺少足够的针对空间、时间问题的具有可操作性和实用性的实例研究，所以这方面的融入相对较弱；在事理层面，因为有管理科学、运筹学、系统工程等的较好支撑，状况相对好些。

（3）相较国外机构学者的应用，国内机构学者在应用 WSR 时，更少论及它的哲学、文化及认识论、方法论等层面的内涵或意义，更多体现出"拿来就用"的实用倾向。

4.3.4 已有应用对 WSR 方法论的促进

主要体现在 3 个方面：

（1）WSR 的应用范围从最初的"水资源管理决策支持系统"这一具体问题，逐步扩展到前述 11 个大的问题领域，影响面和适用性得到了众多应用研究的支撑和验证。

（2）WSR 的理论内涵从一种最早缘于文化自觉而提出的东方系统方法论，经由国内外优秀学者的充分探讨、挖掘、比较、推广等，正逐步发展成为"能够处理现实当中复杂社会经济系统问题的普适性方法论"[7]。

（3）伴随科技进步、科研方法及工具的丰富和完善，与 WSR 应用相匹配的技术方法及分析工具得到加强，为其探索新领域、研究新问题奠定了好的基础。

5. WSR 方法论的发展展望

5.1　系统科学（系统学）在物理、事理研究中的渗透与融入

这方面，作者认为可关注对中国国内的高房价、空气污染等重大问题的深入研究。房价不可能一直上涨，否则必然走向"混沌"；空气污染如果不能得到有效控制，整个城市也会走向"混沌"，导致社会面临灾难。房价、空气污染必须要有一个"极限"，需要搞清楚中间的"临界点"。

5.2　人理的发展及其重要性

文献 [5] 归纳出已有的对人理研究有益的 10 多种"件"，包括斡件（orgware）、和件（harmony-ware）、习件（habitualware）、谈件（negotiation-ware）、心件（heart-ware）、知件（know-ware）、群件（group-ware）、社件（socialware）、议件（meeting-ware）、斗件（conflict-ware）、人件（people-ware）等。以其中的心件为例，它的目的是要让国人有爱国心和凝聚力，这方面新加坡做得较好，而"中国梦"的提出及其系列操作也是一种 Heart-ware。由此延伸出一些值得研究的问题：政府对待舆论批评的管控"度"。其中的根本问题，是政府如何调控网络的正、负面影响和作用，尽量保持一个适当的干预"度"，让意见自由发表的同时不致谣言惑众。如果过分相信所谓控制力，可能会适得其反。

5.3　对人理的一种尝试性划分

结合作者近期思考，在此从系统工程研究与实践的角度，提出一种对人理的尝试性划分。

（1）人际关系（relationship）

可用社会网络分析加以考察。

（2）人的认知（cognition）、心理（psychology）与情/感（emotion /sensibility）

认知方面。如陈霖院士针对视觉过程研究提出的"由大范围性质到局部性质"的拓扑性质知觉理论，从一个侧面反映出中国（东方）的系统思维特点，即先看整体、结构，再到局部、细节，与西方先细节、再整体的思维特点恰好相对。在这个方面，特别需要具体化和量化的研究工作。此外王众托、方福康的近期工作，已将人的思维与脑科学研究相结合。

心理方面。可以应用心理学中问题测试等方式，来测量一些心理和性格特征。近期日本学者 Mitsuo Nagamachi 等提出的"感性工程（kansei engineering）"[119]也值得关注。浙江大学马庆国教授从事脑神经科学与管理科学的交叉研究，并在2006 年提出神经管理学，该领域的理论研究有决策的神经基础、消费行为的神经基础、组织行为的神经基础等，在企业的应用研究，考察基于不同工种的脑力负荷特征、脑力疲劳曲线等，以此为基础来改进工艺工装、提高效率和质量。神经管理学能直接从对人脑的测试来帮助管理人员对操作人员的管理，从管理体力劳动转向智力劳动的管理（军事作业的许多领域，如雷达兵、声纳兵等，也需要"神经作业管理"，也有广泛应用）[120-122]。

（3）知识/习得（knowledge / knowing）

这部分强调学习，特别是学习新的知识。如中国中央政治局的集体学习制度，反映出了组织建设、政治决策的进步。

（4）创造性/智慧（creativity / wisdom）

创造性的行为、有智慧的决策，往往出现在少数人身上。这种"少数派"现象，对概率理论中的"大数定理"形成挑战，也在一定程度上反映了系统论、辩证法的特征。也延伸出对中医的讨论，即从系统科学角度看，中医的理论具有独特性和智慧内涵[123-125]。

这些创造性及智慧的例子，反映出人理层面"创造"的重要性。由于在物理、事理层次中的创造比较普遍，从而人理层次对创造性、智慧特别是实践智慧（phronesis）的研究，需要强调。此外在重视对人理层次创造性内容研究的同时，也要重视这些创造性内容如何融入实际的实践智慧。

（5）利益（benefit）

可用博弈论、制度与政策分析等加以考察。

5.4 人理研究的难点及其克服

在人理层面的研究中，经常要面对的问题是：喜欢不喜欢（对情感的描述和度量）、懂不懂（对知识掌握的描述和度量）、能不能解决（对个体沟通、协调、运作、创新等行为和能力的描述和度量）等，客观上的确存在困难，也因此对人理的研究要找到新的出路, 包括规范化研究、半规范化研究和实证性研究等。这方面的一些近期工作可见文献[126−133]。

5.5　进一步的工作展望

针对 WSR 的进一步发展, 作者有以下考虑:

（1）关注 WSR 已有应用与其潜在发展之间存在的一些连接: 如目前应用中较为普遍的三维分析结构, 对定量工具（CN 描述关系、MAS 描述行为、感性工程描述并测量感觉等）的重视等。

（2）重要的研究方向: 包括 WSR 自身的创新及其对其它方法论的整合, 对系统科学（系统学）的更加深入的结合与融合利用, 计算机为基础的 WSR 的工具化等。具体而言: 物理层面, 考虑社会物理学、城市物理学等的引入; 方法论及方法层面, 重视 Michael C. Jackson、钱学森、David John Snowden 等对问题的分类, 注重方法论的匹配和方法的选用, 再到具体问题的解决; 计算机为基础的 WSR 信息（知识）系统开发上, 或考虑针对已分类的问题, 如何选择方法论（下行）, 或针对具体实践需求, 如何找到类似的解决方法、方法论等（上溯）。

6.　结　　语

本文对 WSR 方法论 20 多年来的发展历程做出了初步回顾、总结与展望。由于搜集到的资料还不完备, 可能遗漏了一些有价值的工作, 希望学界同仁增补相关内容。文中的一些观点, 只代表作者的看法, 希望能引发积极和深入的后续探讨。WSR 方法论从开始提出到今天的发展, 持续得到了国内外很多友人特别是朱志昌、Nakamori、Midgley、Brugha 等的支持和帮助, 作者对此也表示衷心感谢。

参考文献

[1]　钱学森, 许国志, 王寿云. 组织管理的技术 —— 系统工程. 文汇报, 1978-9-27.

[2]　许国志, 顾基发, 经士仁, 范文涛. 系统工程的回顾与展望. 系统工程理论与实践, 1990, 10(6): 1–15.

[3]　顾基发, 唐锡晋. 从古代系统思想到现代东方系统方法论. 系统工程理论与实践, 2000, 20(1): 89–92.

[4]　顾基发. 物理事理人理系统方法论的实践. 管理学报, 2011, 8(3): 317–322, 355.

[5]　顾基发, 唐锡晋, 朱正祥. 物理–事理–人理系统方法论综述. 交通运输系统工程与信息, 2007, 7(6): 51–60.

[6]　顾基发, 唐锡晋. 物理–事理–人理系统方法论. 上海: 上海科技教育出版社, 2006.

[7] 寇晓东, 杨琳. 再论 WSR 方法论及其应用. 陈光亚编. 和谐发展与系统工程 (中国系统工程学会第 15 届学术年会文集). 香港: 上海系统科学出版社, 2008: 162–168.

[8] Rolfe Tomlinson, István Kiss. Rethinking the Process of Operational Research and System Analysis. Oxford: Pergamon Press, 1984.

[9] 王浣尘. 难度自增殖系统及其方法论. 上海交通大学学报, 1992, 26 (5)：5–11.

[10] Gerald Midgley, Jennifer Wilby. Systems practice in china: New developments and cross-cultural collaborations. Systemic Practice and Action Research, 2000, 13(1): 3–9.

[11] 杨建梅, 顾基发, 王丁. 系统工程的软化–第二届英–中–日系统方法论国际会议述评. 华南理工大学学报 (自然科学版), 1997, 25(4): 20–25.

[12] Jifa Gu, Zhichang Zhu. Knowing Wuli, Sensing Shili, Caring for Renli: Methodology of the WSR Approach. Systemic Practice and Action Research, 2000, 13(1): 11–20.

[13] Zhichang Zhu. Dealing with a differentiated whole: The philosophy of the WSR approach. Systemic Practice and Action Research, 2000, 13(1): 21–57.

[14] Jifa Gu, Xijin Tang. Designing a water resources management decision support system: An application of the WSR approach. Systemic Practice and Action Research, 2000, 13(1): 59–70.

[15] Gerald Midgley, Jifa Gu, David Campbell. Dealing with Human Relations in Chinese Systems Practice. Systemic Practice and Action Research, 2000, 13(1): 71–96.

[16] Zhichang Zhu. International conversation (1995) on the WSR approach: Edited e-mails. Y Nakamori et al. eds. The Proceedings of the 2nd British-Chinese-Japanese Workshop on Systems methodology. Konan University, Japan, 1996.

[17] Jifa Gu, Zhichang Zhu. Tasks and methods in the WSR process. J Wilby ed. Systems methodology II: Possibilities for cross-cultural learning and integration. Centre for Systems Studies, University of Hull, England, 1996: 15–22.

[18] Zhichang Zhu. The practice of multi-approaches, the cross-cultural challenge, and the searching for responses. The Abstract proceedings of 1st international multidisciplinary conference–knowledge & discourse: Changing relationships across academic disciplines and professional practices. University of Hong Kong, Hong Kong, 1996: 12.

[19] Zhichang Zhu. The practice of multi-modal approaches, the challenge of cross-cultural communication, and the search for responses. Human Relations, 1999, 52(5): 579–607.

[20] Zhichang Zhu. Systems approaches: Where the east meets the west?. M Hall ed. Sustainable peace in the world system, and the next evolution of human consciousness (Proceedings of the 40th annual meeting of the ISSS). Club of Budapest, Budapest, 1996: 413–430.

[21] Zhichang Zhu. Systems approaches: Where the east meets the west?. World Futures, 1999, 53(3): 253–276.

[22] Zhichang Zhu. Dealing with Wuli Shili Renli: Act systemically as neo-confucianism suggested, http://www/.newciv.org/ISSS_Primer/ seminar.html/.

[23] Zhichang Zhu. The naked emperor's clothes: A reply to comments on WSR. J Wilby and Z Zhu eds. Systems methodology III: Possibilities for cross-cultural learning and integration. Centre for Systems Studies, University of Hull, 1997: 105–122.

[24] Jifa Gu, Zhichang Zhu. Evaluation through the WSR approach: The China case. J Wilby and Z Zhu eds. Systems methodology III: Possibilities for cross-cultural learning and integration. Centre for Systems Studies, University of Hull, 1997: 11–20.

[25] Zhichang Zhu. Recent developments in oriental systems methodologies. Y Rhee and K Bailey eds. Systems thinking, globalisation knowledge, and communitarian ethics. proceedings of the 41st Annual Meeting of the ISSS. Seoul National University, Seoul, 1997: 389–401.

[26] Zhichang Zhu. WSR: a Chinese systems multimethodology for management. J Gu et al. eds. Advances in Operations Research and Systems Engineering. Proceedings of the 1998 International Operational Research and Systems Engineering Conference. Global-Link Informatics Ltd., Hong Kong, 1998: 176–186.

[27] Zhichang Zhu. Towards integrated management decisions. Education+Training, 1999, 41(6/7): 305–311.

[28] Zhichang Zhu. Integrating goal-seeking, cognitive learning and relationship-maintenance in decision modelling. Decision modelling and management: Bridging cultures east and west for the 21st century. Proceedings of the Decision Modelling Conference. University College Dublin in association with the Association of European Operational Research Societies, University College Dublin, Dublin, 1999.

[29] Zhichang Zhu. WSR: A multi-li approach for information systems development. D Avison and D Edgar-Nevill eds. Matching Technology with Organisational Needs. Proceedings of the UKAIS'98. McGraw-Hill, England, 1998: 346–358.

[30] Zhichang Zhu. Integrating ontology, epistemology and methodology in information systems design – the WSR case. Allen JK, MW Hall and J Wilby eds. Humanity, Science, Technology: The Systemic Foundations of the Information Age. Proceedings of the 43rd Annual Conference of the ISSS (on CDROM). The International Society for the Systems Sciences, 1999.

[31] Zhichang Zhu. Cultural imprints in systems methodologies: The WSR case. J Gu ed. Systems Science and Systems Engineering, Proceedings of the 3rd International Conference on Systems Science and Systems Engineering. Scientific and Technical Document Publishing House, Beijing, 1998: 402–407.

[32] Zhichang Zhu. Confucianism in action: Recent developments in Oriental systems methodologies. Systems Research & Behavioural Sciences, 1998, 15(2): 111–130.

[33] Zhichang Zhu. Towards synergy in the search for multi-perspective systems approaches. AM Castell et al. eds. Systems Matters: Working with Systems in the 21st Century. Proceedings of the 6th International Conference of the UKSS. New York: Kluwer/Plenum, 1999: 475–480.

[34] Zhichang Zhu. An international project: Systems east & west. Systems Research & Behavioural Sciences, 1999, 16(3): 293–294.

[35] Zhichang Zhu. Knowledge transfer across cultures: A conceptual model and the case of systems methodology. E Shimemura et al. eds. Proceedings of the International Symposium on Knowledge and Systems Sciences: Challenges to Complexity (KSS'2000). Japan Advanced Institute of Science and Technology, Ishikawa, Japan, 2000: 141–161.

[36] Harold A. Linstone, Zhichang Zhu. Towards synergy in multi-perspective management: An American-Chinese case. Human Systems Management, 2000, 19(1): 25–37.

[37] Zhichang Zhu. WSR: A systems approach for information systems development. Systems Research & Behavioural Sciences, 2000, 17(2): 183–203.

[38] 朱志昌. 物理事理人理方法论国际交流的启示. 系统工程、系统科学与复杂性研究. 中国系统工程学会第 11 届年会论文集. 宜昌: Research Information Ltd., 2000: 135–150.

[39] 唐锡晋, 顾基发. 软系统方法对管理支持系统的思考. 电子科技大学学报, 1997, 26(增刊): 411–414.

[40] 顾基发等. 物理–事理–人理系统方法论在建立商业设施与技术装备标准规范体系表结构框架中的应用. 系统工程理论与实践, 1997, 17(12): 134–137.

[41] Jifa Gu et al. WSR system approach to the study of synthetic evaluation of commercial information systems in China. Systems Science and Systems Engineering– Proceedings of the Third International Conference on Systems Science and Systems Engineering (ICSSSE'98). Beijing: Scientific and Technical Document Publishing House, 1998: 252–256.

[42] 顾基发, 赵丽艳. 航天系统安全性分析的概率风险评估方法. 系统工程与电子技术, 1999, 21(8): 28–31.

[43] 赵丽艳, 顾基发. 概率风险评估 (PRA) 方法在我国某型号运载火箭安全性分析中的应用. 系统工程理论与实践, 2000, 20(6): 91–97.

[44] Xijin Tang. WSR Approach to a practical implementation of computerized aids for systems evaluation. Proceedings of the 43th Meeting of the *International Society for the Systems Sciences* (ISSS'99), June 27-July 2,1999, Pacific Grove, CA, USA. http://meta-synthesis.iss.ac.cn/xjtang/paper/xjtang_isss99_99092. pdf/.

[45] Xijin Tang. An approach to building computerized support for naval weapon system evaluation. In the proceedings of international Symposium on *Knowledge and Systems Sciences: Challenges to Complexity* (KSS2000, Shimemura, E. et al. eds. ISBN 4-924861-09-X), Ishikawa, Japan, pp179-189, September, 2000. http://www.researchgate.

net/publication/228514455/file/d912f51126ad57de60.pdf/.

[46] 山本明久, 本多卓也, 顾基发. 中国与日本大学的定量评价与文化比较. 系统工程、系统科学与复杂性研究. 中国系统工程学会第 11 届年会论文集. 宜昌: Research Information Ltd., 2000: 151–157.

[47] Cathal M. Brugha. Considering WSR in the context of nomology, a generic meta model for systems studies. J Gu ed. Systems Science and Systems Engineering, Proceedings of the 3rd International Conference on Systems Science and Systems Engineering. Scientific and Technical Document Publishing House, Beijing, 1998: 146–150.

[48] Cathal M. Brugha. Systemic thinking in China: A meta-decision-making bridge to western concepts. Systemic Practice and Action Research, 2001, 14(3): 339–360.

[49] Cary C. Jahn et al. The quest for connections: Developing a research agenda for integrated pest and nutrient management-Peng S, Hardy B eds.. Rice research for food security and poverty alleviation. Proceedings of the IRRC, 31 March–3 April 2000, Los Baños, Philippines. Los Baños (Philippines): International Rice Research Institute, 2001: 413–430.

[50] John B. Kidd. Discovering inter-cultural perceptual differences in MNEs. Journal of Managerial Psychology, 2001, 16(2): 106–126.

[51] Roger Attwater. Mixing meta-methodologies and philosophies: Wuli-shili-renli, pragmatist and practical philosophy. http://www.isss.org/2002meet/abstracts/abstracts1.htm/.

[52] Henry C. Alberts et al. The Three gorges dam project from a systems viewpoint. Systems Research and Behavioral Science, 2004, 21(6): 585–602.

[53] 木嶋恭一. 在英日记. 东京工业大学决策科学与技术学院, 木嶋研究室, 1997.

[54] Motohiro Abe (安部元裕). Research on advertisement evaluation model by system approach. Master thesis, JAIST, 2001 March.

[55] Akihisa Yamamoto (山本明久). Comparison and evaluation of performance of universities in both Japan and China. Master thesis, JAIST, 2001 March.

[56] 孙莱祥, 熊庆年. 开放动态：世界一流大学评价标准形成的基点. 教育发展研究, 2002(2): 25–28.

[57] 中森义辉. 系统工学. 东京: コロナ社, 2002: 176–180.

[58] Yoshiteru Nakamori ed. Knowledge Science: Modeling the Knowledge Creation Process. New York: CRC Press, 2012.

[59] Yoshiteru Nakamori. Knowledge and Systems Science: Enabling Systemic Knowledge Synthesis. New York: CRC Press, 2014: 41–43.

[60] Ikujiro Nonaka, Zhichang Zhu. Pragmatic Strategy: Eastern Wisdom, Global Success. Cambridge: Cambridge University Press, 2012.

[61] 香山科学会议第 58 次学术讨论会综述, http://www.xssc.ac.cn/ReadBrief.aspx?ItemID =831#/.

[62] 席泽宗. 中国科学的传统与未来. 周光召, 朱光亚编. 共同走向科学: 百名院士科技系列报告集. 北京: 新华出版社, 1997.

[63] 2010"中国实践管理"论坛在京举行, http://intl.ce.cn/specials/zxgjzh/201011/14/t20101114_21967382.shtml.

[64] 2010"中国实践管理"论坛在京成功举行, http://cm.hust.edu.cn/xwzx/xydt/2011-02-22/911.html.

[65] 俞志谦. 地理信息关联性研究 (上)——地理信息关联基本框架的构建. 地球信息, 1997 (1): 21–29.

[66] 赵丽艳, 顾基发. 物理–事理–人理 (WSR) 系统方法论及其在评价中的应用. 电子科技大学学报, 1997, 26(增刊): 177–180.

[67] 高飞, 顾基发. 以物理–事理–人理系统观点看东南亚金融危机及其对中国的机遇与挑战. 系统工程与可持续发展战略: 中国系统工程学会第十届年会论文集. 北京: 知识产权出版社, 1998: 149–153.

[68] 顾基发, 高飞. 从管理科学角度谈物理–事理–人理系统方法论. 系统工程理论与实践, 1998, 18(8): 1–5.

[69] 高飞, 顾基发. 关于物理–事理–人理系统方法的事理之方法论库. 系统工程理论与实践, 1998, 18(9): 34–37.

[70] 顾基发, 高飞, 吴滨. 关于大型社会项目管理的系统思考. 中国管理科学, 1998, 6(4): 1–8.

[71] 张文泉. 系统科学方法论及其新进展. 现代电力, 1999, 16(1): 93–99.

[72] 顾基发, 唐锡晋. 物理–事理–人理系统方法论: 一种东方的系统思考. 汪寿阳等主编. 运筹学与系统工程新进展. 北京: 科学出版社, 2002.

[73] 张国伍, 张秀媛, 申金生. 交通运输结合部系统的物理–事理–人理 (WSR) 系统管理分析. 中国科协 2000 年学术年会论文集. 北京: 中国科学技术出版社, 2000: 149.

[74] 张秀媛, 申金升, 张国伍. 探索交通运输企业结合部系统管理模式. 系统工程理论与实践, 2000, 20(10): 114–120.

[75] 韩艺, 葛芳, 张国伍. 北京公交智能化调度系统总体设计的 WSR 分析. 系统工程理论与实践, 2001, 21(4): 31–35.

[76] 赵亚男, 杨群, 刘焱宇, 张国伍. 用物理–事理–人理的方法研究运输安全系统. 中国安全科学学报, 2001, 11(5): 58–61.

[77] 张彩江, 孙东川. WSR 方法论的一些概念和认识. 系统工程, 2001, 19(6): 1–8.

[78] 赵丽艳, 顾基发. 东西方评价方法论对比研究. 管理科学学报, 2000, 3(1): 87–92.

[79] 徐维祥, 张全寿. 基于 WSR 方法论的信息系统项目评价研究. 系统工程与电子技术, 2000, 22(10): 4–6.

[80] 徐维祥, 张全寿. 从定性到定量信息系统项目评价方法研究. 系统工程理论与实践, 2001, 21(3): 124–127.

[81] 许映军, 宋中庆. 基于 WSR 的 D-S 环境系统质量综合评价法. 大连海事大学学报, 2001, 27(4): 73–77.

[82]　王浣尘. 综合集成系统开发的系统方法思考. 系统工程理论方法应用, 2002, 11(1): 1–7.

[83]　苗东升. 复杂性研究的现状和展望. 北京大学现代科学与哲学研究中心编. 复杂性新探. 北京: 人民出版社, 2007: 13–28.

[84]　高飞. WSR systems approach and its application. 中国科学院系统科学研究所博士学位论文, 1999.

[85]　赵秀生. 持续发展与塔里木水资源管理. 清华大学博士学位论文, 1996.

[86]　马龙华. 不确定系统的鲁棒优化方法及应用研究. 浙江大学博士学位论文, 2001.

[87]　毕巍强. 空间理论与空间复杂模型研究. 中国地质大学博士学位论文, 2002.

[88]　刘澜. 智能运输系统的信息物理–事理 (WS) 研究. 西南交通大学博士学位论文, 2003.

[89]　魏宏业. 客户关系管理的数据库知识发现模型及方法研究. 北京交通大学博士学位论文, 2004.

[90]　寇晓东. 基于 WSR 方法论的城市发展研究: 城市自组织、城市管理与城市和谐. 西北工业大学博士学位论文, 2006.

[91]　郝英奇. 管理系统动力机制研究. 天津大学博士学位论文, 2006.

[92]　刘涵. 水库优化调度新方法研究. 西安理工大学博士学位论文, 2006.

[93]　杨琳. 飞机寿命周期费用管理的系统研究. 西北工业大学博士学位论文, 2008.

[94]　韩建新. OEM 企业知识管理的系统研究. 西北工业大学博士学位论文, 2009.

[95]　唐见兵. 作战仿真系统可信性研究. 国防科学技术大学博士学位论文, 2009.

[96]　张蓓. 都市农业旅游可持续发展的系统分析、评价及仿真研究. 暨南大学博士学位论文, 2009.

[97]　杨洪涛. "关系" 文化对合伙创业伙伴选择考量要素的影响研究. 哈尔滨工业大学博士学位论文, 2010.

[98]　刘家国. 基于突发事件风险的供应链利益分配与行为决策研究. 哈尔滨工程大学博士学位论文, 2010.

[99]　张强. 区域复合生态系统安全预警与控制研究. 西安理工大学博士学位论文, 2011.

[100]　吴新林. VDT 办公系统中的人机关系研究. 南京林业大学博士学位论文, 2011.

[101]　王大群. 基于复杂系统理论的知识工作及其生产率研究. 东华大学博士学位论文, 2011.

[102]　黄孝鹏. 基于人件的人机协同决策系统若干关键问题研究. 南京大学博士学位论文, 2012.

[103]　王德光. 基于系统理论的小流域喀斯特石沙漠化治理模式研究. 福建师范大学博士学位论文, 2012.

[104]　顾基发, 王浣尘, 唐锡晋等 (著). 综合集成方法体系与系统学研究. 北京: 科学出版社, 2007.

[105]　王瑶. 打败麦肯锡. 北京: 新华出版社, 2006.

[106]　Zhichang Zhu. Towards an integrating programme for information systems design: An oriental case. International Journal of Information Management, 2001, 21: 69–90.

[107]　Zhichang Zhu. Evaluating contingency approaches to information systems design. International Journal of Information Management, 2002, 22: 343–356.

[108] Zhichang Zhu. Knowledge management: Towards a universal concept or cross-cultural contexts?. Knowledge Management Research & Practice, 2004, 2: 67–79.

[109] Zhichang Zhu. Reform without a theory: Why does it work in China?. Organization Studies, 2007, 28(10): 1503–1522.

[110] Cathal M. Brugha. Implications from decision science for the systems development life cycle in information systems. Information Systems Frontiers 2001, 3(1):91–105.

[111] Virginie Goepp, Francois Kiefer, Roland De Guio. A proposal for a framework to classify and review contingent information system design methods. Computers & Industrial Engineering, 2008, 54: 215–228.

[112] Tatiana Khvatova, Irina Ignatieva. Cross-cultural diversity in the knowledge management concepts of 20-21st centuries within the framework of international dialogue for creation of a new model of knowledge management, http://www.inter-disciplinary.net/ci/ intellectuals/int1/ Khvatova%20paper.pdf/.

[113] Ian Hughes, Lin Yuan. The status of action research in the People's Republic of China. Action Research, 2005, 3(4): 383–402.

[114] Denis H.J. Caro. Deconstructing symbiotic dyadic e-health networks: Transnational and transgenic perspectives. International Journal of Information Management, 2008, 28: 94–101.

[115] Zude Ye, Maurice Yolles. Cybernetics of Tao. Kybernetes, 2010, 39(4): 527–552.

[116] Pia Polsa. Crystallization and research in Asia. Qualitative Market Research: An International Journal, 2013, 16(1): 76–93.

[117] Zhengxiang Zhu, Wuqi Song, Jifa Gu. Meta-synthesis view toward surveying WSR system approach studies. Proceedings of 2008 IEEE International Conference on Systems, Man, and Cybernetics. Singapore: 494–499.

[118] Xijin Tang, Bin Luo. Systemic vision toward the studies of *Wu-li Shi-li Ren-li* system approach. Proceedings of the 55th Annual Meeting of the ISSS. Hull, UK, 2011. http://journals.isss.org/index.php/proceedings55th/article/viewFile/1660/545/.

[119] Mitsuo Nagamachi, Anitawati Mohd Lokman. Innovations of Kansei Engineering. Taylor & Francis Group, 2010.

[120] 马庆国，王小毅. 认知神经科学、神经经济学与神经管理科学. 管理世界，2006(10): 139–149.

[121] Qingguo Ma, Jing Jin, Lei Wang. The neural process of hazard perception and evaluation for warning signal words: Evidence from event-related potentials. Neuroscience Letter, 2010, 483: 206–210.

[122] Laura Ballorini et al. Applications on neural technology to neuro-management and neuro marketing. Frontiers Research Topics. http://journal.frontiersin.org/research-topic/4815/application of- neural- technology- to- neuro-management- and -neuro-

marketing, 2016-6-22.

[123] 宋武琪, 顾基发. 专家挖掘思想及其在名老中医经验挖掘中的应用. 陈光亚编: 和谐发展与系统工程. 中国系统工程学会第 15 届学术年会文集. 香港: 上海系统科学出版社, 2008: 505–513.

[124] 顾基发, 宋武琪, 朱正祥. 综合集成方法与专家挖掘. 前沿科学, 2010, 4(4): 35–41.

[125] 顾基发, 宋武琪. 系统科学与中医方法论. 系统工程理论与实践, 2011, 31(S1): 24–31.

[126] 顾基发等. 世博会排队集群行为研究. 上海理工大学学报, 2011, 33(4): 312–320.

[127] 顾基发. 关于中国管理实践的评价. 管理学报, 2011, 8(5): 1–3.

[128] Jifa Gu et al. Wuli-shili-renli system approach to the queuing problems in Shanghai World Expo. Proceedings of the 55th Meeting of the International Society for the Systems Sciences jointly with KSS2011. Hull, UK, 2011 July 21.

[129] Jifa Gu et al. Queuing problems in Shanghai World Expo. 刘怡君, 周涛等. 社会物理学系列第 3 号: 社会动力学. 北京: 科学出版社, 2012.

[130] Jifa Gu et al. Three aspects on solving queuing service system in Shanghai world expo. Journal of Systems Science and Systems Engineering, 2013: 22(3): 340–361.

[131] 顾基发, 刘怡君, 朱正祥. 专家挖掘与综合集成方法. 北京: 科学出版社, 2014.

[132] 李亚. 一种面向利益分析的政策研究方法. 中国行政管理, 2011(4): 113–118.

[133] 李振鹏, 唐锡晋. 外生变量和非正社会影响推动群体观点极化. 管理科学学报, 2013, 16(3): 73–81.

[134] 唐锡晋. Soft Systems Approach to Computerized Decision Support for Water Resources Management. 博士学位论文, 中国科学院系统科学研究所, 1995.

[135] 唐锡晋, 顾基发. 软方法思想在水资源决策支持系统中的一些应用. 《复杂巨系统理论·方法·应用》(中国系统工程学会第八届学术年会论文集), 北京: 科学技术文献出版社, 416-420.

[136] Xijin Tang, Jifa Gu, Yoshiteru Nakamori. Analysis of an Enterprise Management Software Project by View of *Wu-li Shi-li Ren-li* System Approach. In *New Management Trends in New Century*, the proceedings of the 4th International Conference on Management, China Higher Education Press Beijing and Springer-Verlag Berlin Heidelberg, May 5-7, Xi' an, China, 339-348.

[137] Xijin Tang, Jifa Gu. Systemic Thinking to Developing a Meta-Synthetic System for Complex Issues, in the Proceedings of the 46th Meeting of the International Society for the Systems Sciences (ISSS2002), Shanghai, August 3-5, 2002, 2002-126

　　陈锡康，1936 年 1 月 16 日出生于浙江镇海，中国科学院数学与系统科学研究院研究员，国际投入产出协会 Fellow，中国投入产出学会名誉理事长。研究方向：投入产出技术，粮食产量预测、GDP 预测等。主要科研工作：1. 在国际上首先提出和建立投入占用产出技术并获得一些国际知名科学家，如美国科学院院士 W. Isard、诺贝尔奖金获得者 W. Leontief 等很高评价，认为是"非常有价值的发现"，"先驱性研究"，"一项重要的发明与创新"等。2. 提出了新的以投入占用产出技术和考虑化肥等报酬递减的非线性粮食预测方程为核心的系统综合因素预测法，自 1980 年开始连续 37 年每年在 4 月底向中央领导预报当年度我国粮食产量。预测各年度粮食的丰、平、歉方向全部正确，平均预测误差为抽样实割实测产量的 1.8%。3. 提出考虑加工贸易的非竞争型投入占用产出模型，用于研究和计算贸易增加值。曾获得首届中国科学院杰出科学技术成就奖一等奖、首届复旦管理学杰出贡献奖一等奖、国际运筹学进展奖一等奖、孙冶方经济科学奖、国家科学技术进步奖四项，在国内外出版著作 26 本，发表论文 200 多篇。

陈锡康　刘　鹏

系统科学与粮食产量预测研究

系统科学与粮食产量预测研究[①]

陈锡康[②]　刘　鹏[③]

1. 问题的提出

1.1　饥荒的启示 —— 开展全国粮食产量预测研究的社会经济背景

中国有 13 亿以上人口，"民以食为天"，粮食生产的稳定发展是中国经济社会发展的基本保证。中国经济发展历史证明，粮食一旦出现问题将严重影响经济和社会发展。例如，1959—1961 年中国粮食歉收，1958 年粮食产量为 4000 亿斤，1960 年为 2870 亿斤，1960 年比 1958 年减少 1130 亿斤，减幅为 28.3%，1961 年为 2950 亿斤，仍比 1958 年减少 26.3%。粮食大幅度减产产生极为严重的后果，表现为：

(1) 由于大面积饥荒，人口数量大幅度减少。根据国家统计局公布的全国人口统计资料，1959 年年底人口为 67207 万人，1961 年年底人口为 65859 万人。1961 年年底中国人口比 1959 年年底净减少 1348 万人[④]。如果考虑到 1954 年到 1959 年五年中中国人口增加 6941 万人，即平均每年增加 1388 万人，即考虑出生率降低和死亡率增高，1960 年和 1961 年两年中国人口减少约 4124 万人。

(2) 受到粮食短缺等很多因素的影响，中国经济发展严重受挫，1959 年国内生产总值为 1439 亿元，1961 年降为 1220 亿元，两年期间按可比价格计算国内生产总值减少了 27.5%[⑤]。1959 年工业总产值为 1483 亿元（当年价格），1961 年为 1062 亿元（当年价格），两年期间按可比价格计算工业总产值下降 31.3%。主要工业产品中，1959 年原煤产量为 3.69 亿吨，1961 年为 2.78 亿吨，降幅为 24.7%；1959 年钢产量为 1387 万吨，1961 年为 870 万吨，降幅为 37.3%；1959 年水泥产量为 1227 万吨，1961 年为 621 万吨，降幅为 49.4%。

(3) 居民消费水平大幅度下降，据国家统计局统计，1959 年、1960 年和 1961

① 本文得到国家自然科学基金委支持，项目编号：71473244.
②③ 中国科学院数学与系统科学研究院.
④ 资料来源：国家统计局编，中国统计年鉴 1991，第 79 页. 北京，中国统计出版社，1991 年.
⑤ 资料来源：国家统计局编，中国统计年鉴 1998，第 55-57 页. 北京，中国统计出版社，1999 年.

年全国居民消费水平分别比上年下降 9.9、5.9 和 6.0 个百分点①。

(4) 物价上涨。除国家定量统销的商品价格变动较少外②，自由市场上的粮食、肉类、禽蛋、蔬菜、水产品、食用油等价格大幅度上涨。1962 年全国集市贸易消费品价格为 1957 年的 293.5%③。

(5) 国家财政收入大幅度减少，1959 年国家财政收入为 487.1 亿元，1961 年为 356.1 亿元，减少 131 亿元，减幅为 26.9%。

粮食短缺并对其它各个领域产生一系列严重影响。

陈锡康大学毕业后不久，于 1959 年下放到四川省资阳县进行为期一年的劳动锻炼。当时农村粮食非常紧缺，生产队食堂经常面临"断炊"的危险，对农民和下放干部生活影响很大。社员常说："能吃饱饭就是共产主义了。"深切体会到粮食生产和粮食产量预测对具有 10 多亿人口的中国的影响，并产生通过提前预报粮食产量来减少粮食歉收负面影响的思想。

1978 年中共中央成立了中共中央书记处农村政策研究室，以后又在国务院系统成立了国务院农村发展中心。这两个机构的主任均是被誉为"中国农村改革之父"的杜润生同志。考虑到粮食收成好坏对人民生活、经济发展和社会安定的重要性，对粮食产量进行准确度较高的预测，能使政府及时对粮食丰歉做好准备，采取必要措施。1979 年杜润生同志致函中国科学院系统科学研究所④所长关肇直，要求他指派专家利用数学与系统科学方法，从事全国粮食产量预测研究工作。杜润生致关肇直信的内容如下：

肇直同志：

听说你们从事系统工程学研究。农业方面想利用现代数学成果搞点经济预测。这方面应当如何设想，我一点底也没有。兹派我处两位青年同志翁永曦、王英嘉前去拜访，请予指点。如能指定一二位专家给予帮助，更所盼望。

杜润生

关肇直所长接到信后就立刻把这项任务交给陈锡康承担。1979 年 11 月原中共中央农村政策研究室和原国务院农村发展研究中心正式委托中国科学院系统科学所陈锡康研究员等利用数学与系统科学方法从事"全国粮食产量预测研究"项目，

① 国家统计局编. 中国统计年鉴 1991. 北京: 中国统计出版社, 1991: 271.

② 据国家统计局公布, 1960 年和 1961 年全国零售物价总指数分别比上年上涨 2.1 和 16.2 个百分点, 其中食品价格分别比上年上涨 4.1 和 22.1 个百分点 (中国统计年鉴 1991, 第 221 页).

③ 国家统计局编. 中国统计年鉴 1991. 北京: 中国统计出版社, 1991: 248.

④ 1998 年 12 月中科院数学研究所、应用数学研究所、系统科学研究所及计算数学与科学工程计算研究所等四个研究所整合而成中国科学院数学与系统科学研究院。

以后又委托中国科学院系统科学所研究所进行"全国农业投入产出表"、"农业种植产业结构优化"、"中国国情分析研究"、"中国城乡经济投入占用产出分析"等项目的研究工作①。

1.2 中央有关部门对全国粮食产量预测工作的两项要求

20 世纪 70 年代末，原中共中央书记处农村政策研究室和原国务院农村发展研究中心委托中国科学院进行全国粮食产量预测，并对此项研究工作提出以下两项要求：

(1) 为便于及早安排粮食的消费、存储和进出口，要求粮食产量预测的提前期为半年左右。我国秋粮基本上在每年 10 月份收割。如果预测提前期较短，如为 2 个月，即在 8 到 9 月份预报当年粮食歉收，经中央有关部门研究，11 月份再到国际市场买粮，国际市场上粮价已大幅度上升。

(2) 要求预测精度高，误差在 3% 以下。发达国家谷物产量预测的误差通常为3%—5%，也常发生方向性错误。

2. 方法与技术的创新

2.1 国际上预测谷物产量方法

目前国际上谷物产量预测主要采用以下三种方法：

2.1.1 气象产量预测法

主要根据气象因子利用统计方法来预测谷物产量。其理论前提是经济技术因子的变动是一个长期的、逐渐的、平稳的过程，可以用时间 t 的趋势产量来表示，造成历年谷物产量波动主要是气象因子的作用，其预测方程为：

$$Y = \hat{Y}_t + \hat{Y}_W + u \tag{1}$$

这里 $Y, \hat{Y}_t, \hat{Y}_W$ 和 u 分别表示谷物的单产、趋势产量、气象产量和随机干扰项。

如 L.M. Thompson 长期从事美国冬小麦产量与天气因子关系的研究（Thompson (1969)）。他的工作具有典型性。据他研究，美国中西部、北达科他 (North Dakota)、南达科他 (South Dakota)、堪萨斯 (Kansas) 等 6 个州影响冬小麦产量的气象因子有 9 个，即去年 8 月到今年 3 月份的总降水量及 4、5、6、7 月份中的降

---

① 这些项目是由原中共中央书记处农村政策研究室和原国务院农村发展研究中心联络室进行具体组织和委托的。联络室负责人为王岐山、翁永曦和曹居中等.

水和温度。在他的预测方程中趋势产量用线性方程表示,气象因子的影响采用二次多项式表示。如北达科他州的冬小麦气象产量预测方程如下:

$$\hat{Y} = 9.38 + 0.597t + 0.789(x_1 - \bar{x}_1) - 0.093(x - \bar{x}_1)^2$$
$$+ 0.712(x_2 - \bar{x}_2) - 0.291(x_2 - \bar{x}_2)^2 + 0.194(x_3 - \bar{x}_3) - 0.031(x_3 - \bar{x}_3)^2$$
$$+ 1.026(x_4 - \bar{x}_4) - 0.390(x_4 - \bar{x}_4)^2 + 0.007(x_5 - \bar{x}_5) + 0.039(x_5 - \bar{x}_5)^2$$
$$+ 0.928(x_6 - \bar{x}_6) - 0.087(x_6 - \bar{x}_6)^2 + 0.263(x_7 - \bar{x}_7) + 0.009(x_7 - \bar{x}_7)^2$$
$$+ 0.523(x_8 - \bar{x}_8) + 0.272(x_8 - \bar{x}_8)^2 - 0.484(x_9 - \bar{x}_9) + 0.059(x_9 - \bar{x}_9)^2$$

$$R^2 = 0.90,$$

$\hat{Y}_t$ 为时间 t 的线性函数,$\hat{Y}_w$ 中包含的气象因子为 4、5、6、7 月份的降水量和温度。预测方程的标准差为 2.88 蒲式耳/英亩,约为产量的 10%。

G.D.V. Williams (1975) 利用气象预测法对加拿大草原作物区小麦等产量进行预报,在 6 月底,即收获期前 2 个月,对小麦、燕麦、大麦产量进行预报的预测误差分别为产量的 8.8%、4.7% 和 5.4%。根据美国、苏联、印度、加拿大和中国的文献报道气象预测法的预测误差通常为 3%—10%,预测提前期一般为两个月左右。Menon(1978) 建立了一个包含灌溉、施肥、高产品种类别、雨量、劳动力、农业机械的预测模型,并将该模型用于印度的测试,发现结果比较满意。Stephens(1994) 利用一个加权的降雨量指标对澳大利亚的小麦单产进行预测,结果发现可以将预报提到收获期前的 3 个月,并且在 5 个预测年度中有 4 个年度比政府的预测结果更准确。郭海英等（2008）综合考虑冬小麦发育期间光热要素、水分符合因子及表征冬小麦生长状况的定量因子生长势等气象要素和生态要素,建立冬小麦不同生长发育阶段产量预报方程,试预报准确率达到 92% 以上。

2.1.2　统计动力学生长模拟法

在植物生理学原理基础上利用模拟方法研究各种环境因子与作物产量的关系,如温度、光照、CO_2 浓度等对作物光合作用、蒸腾、呼吸、干物质形成、籽粒发育过程的影响。日本的村田 (Murata)、上野 (Ueno) 等研究了水稻产量与水稻籽粒形成的关键时期（8、9 月）的平均气温、日照时数的关系。中国的 WANG Chunyi 等 (1995, 1997) 研究了 CO_2 浓度对作物产量的影响,得出 CO_2 浓度倍增将使中国冬小麦、玉米、大豆和棉花单产分别增加 28.3%, 22.9%, 67.1% 和 27.0%。目前这种方法和气象产量预测法有结合的趋势,但由于难以及时获得大面积的各种数据,该方法仍处于小范围实验阶段。

2.1.3 遥感技术预测法

各种作物具有不同的光谱特性，即对不同波长的电磁波的反射率和辐射率各不相同。遥感技术即利用卫星上的传感器所接收的地面目标物所反射和辐射的电磁波来进行作物产量预测。在实际工作中，常用植被指数作为评价作物生长状况的依据。

1974 到 1977 年美国农业部 (USDA)等单位利用遥感技术进行了大面积作物产量估产实验项目 LACIE (large area crop inventory and experience)，对世界主要地区作物产量进行估产。对小麦的估产精度达到 90%，棉花和玉米的估产精度为 78%—90%。之后遥感技术与地理信息系统 (GIS) 结合，把地理信息系统中包含的土壤、生态、环境、时间等背景资料与遥感数据结合，提高了作物识别精度 (Eerens, 1991)。M.J. Hayes 等利用 1982 年以来 VOAA/AVHRR 卫星数据所得到的植被生长指数 (vegetation condition index) 对美国玉米带的玉米产量进行大范围预测。1985—1992 年的预测结果为：预测提前期两个月左右，8 年的平均预测误差为 4.9%，其中 4 年的误差小于 5%，3 年的误差为 5%—10%，1 年大于 10% (Hayes, 1996)。Becker-Reshef 等（2010）利用 MODIS(moderate- resolution imaging spectroradiometer)数据建立了一个一般的回归模型预测堪萨斯州和乌克兰冬小麦的单产情况。2002 年美国农业部与航天局合作在马里兰等地利用 MODIS 数据进行遥感估产，取得较精确的估产结果。自 2002 年起美国农业部对美国 48 个州进行作物面积监测，2010 年开始每年对 48 个州进行作物监测及估产。

除美国外，法国、英国、加拿大、日本、俄罗斯、印度、阿根廷、巴西、泰国和中国等都进行了此项研究。如欧共体联合研究中心遥感应用研究所于 1989 年开展了在农业统计中应用遥感技术项目 (pilot project for the application of remote sensing to agricultural statistics)。在希腊北部对作物面积进行估计，其预测数与官方公布数相比，精度为 90%(Quarmby, 1993)。中国科学院遥感应用研究所利用 MODIS 卫星遥感数据等对全球和中国的粮食生产形势进行监测与预警，开展了全球 60 个农业生态区、6 个洲际农业生产区和 31 个粮食生产国的粮食生产形势监测。由中国科学院遥感与数字地球研究所建设和运行的全球农情遥感速报系统 (crop watch) 是世界上开展全球尺度农情遥感业务监测的主要运行系统之一，可以在中国和全球尺度提供作物长势单产、种植面积、产量和旱情等农情信息。全球农情遥感速报按季度发布中英文双语报告，其首份《全球农情遥感速报（中英版）》于 2013 年 11 月 20 日发布。

上述三种方法的预测提前期通常为两个月左右，误差通常为产量的 3%—8%。这是由于地表作物尚未生长到一定程度就难以利用遥感技术进行预测，而目前世界气象科学的发展水平对 1 个月以上的天气情况还难以做出可靠的预测,这都影响了这些方法的预测提前期和预测精度。

2.2 以投入占用产出技术为核心的系统综合因素预测法

为满足中央有关部门对粮食产量预测工作的要求,中国科学院数学与系统科学研究院陈锡康等提出了以投入占用产出技术为核心的系统综合因素预测法。与国际上传统的预测粮食产量方法不同,利用系统科学方法和投入占用产出技术进行预测。

2.2.1 系统综合因素预测法的理论前提

系统综合因素预测法把农业看作是一个复杂的巨系统,在系统内部和系统与环境之间存在复杂的相互联系。这个复杂系统具有如下特点:

(1) 农业系统具有多层次结构,各子系统和各个部分之间存在复杂的相互联系

整个农业系统可分为种植业、畜牧业、林业、渔业和草业等子系统。上述子系统又可分为更细的子系统,如种植业可分为粮食、经济作物、其它农作物三个子系统。粮食又可分为稻谷、小麦、玉米、高粱、谷子等部分。稻谷又可按品种或按季节加以划分。农业系统的各个子系统和组成部分之间存在密切的复杂的相互联系,如种植业为畜牧业提供饲料,畜牧业为种植业提供肥料、役畜,草业为畜牧业提供饲草等。

(2) 农业生产的生物学特性决定了农业系统与自然环境系统之间具有非常复杂的相互联系。

农业生产过程不仅是人类社会产品的价值和使用价值的形成过程,而且又是一个生物学过程,即生物的生长过程。如粮食生产又是稻谷、小麦、玉米等的生产过程,畜牧业生产又是各类牲畜的繁殖、发育和成长过程。这是农业与工业、建筑业、商业、服务业的重大区别,因而农业生产的规模和水平不仅取决于科学技术的发展水平和对农业的物质投入数量,而且取决于农业自然资源、生态环境和其它各种自然因素,如气候因素等的好坏。农业生产具有很强的季节性和周期性,目前世界上很多农业大国往往是农业自然资源比较丰富,自然环境比较适合于农业发展的国家。

(3) 农业复杂系统具有很强的非线性、随机性和动态特征,要求研究和建立非线性预测方程和利用动态模型对农业生产进行分析和预测。

农作物产量与投入的多种生产要素之间的关系往往是非线性的。根据我们的研究结果,当化肥的每亩施用量在 0—1 公斤时,每公斤化肥全国平均的边际粮食产量为 8.05 公斤;当化肥施用量增加到每亩 5 公斤时,每公斤化肥的边际粮食产

量为 5.59 公斤；当化肥的每亩施用量为 10 公斤时，边际粮食产量为 3.90 公斤；当每亩施用量在 25 公斤时，每公斤化肥的边际粮食产量为 1.54 公斤，呈现出明显的边际产量递减特性，这就要求发展非线性投入-占用-产出技术来确切反映各种生产要素与农作物产量的关系。由于多种自然要素，如温度、降水量、日照等具有很强的随机性，这就决定了农业系统的随机性和农作物产量预测的难度。此外，农业生产与农业劳动者受教育程度、农业固定资产数量、农业资源和自然环境等有密切的联系，而这些要素的培育和形成需很长时期。这就要求我们在模型中把今后五到十年以后的农业产量与目前对农民教育、水利建设和资源环境保护的投入联结起来，形成复杂的动态系统。

(4) 在研究方法上要求对农业复杂系统采用定性与定量相结合的综合集成方法。我们在农作物产量预测实践中感到，从定性研究和定性判断走到定量分析是非常重要的。量的分析应当在质的研究基础上进行，但是定量分析不是简单地证明和说明定性研究和定性判断结果，而且在很多情况下也起了完善、修改、检验和更正部分定性研究和定性判断结果的作用。农业系统是极为复杂的，很多定性研究结果是不完善的，需要有一定的从定性到定量、再从定量到定性的反复过程，采用定性和定量相结合的方法更加符合自然辩证法的科学原理。

(5) 系统综合预测法认为影响粮食产量的因素主要有四类，即，1) 社会政治经济因素，如农业政策、农民受教育程度、粮食和农业生产资料的相对价格等；2) 生产技术因素，如肥料、良种、灌溉、动力和塑料薄膜等；3) 自然因素，包括气象因素和非气象因素；4) 其它。

必须综合地考虑社会经济技术因子 (如政策、价格、良种、化肥、灌溉、机械等) 和自然因子 (如土壤、气象等) 的作用。只有全面地考虑这些主要因素的作用，才能提高粮食产量预测的精度。

系统综合预测法认为气象因子对粮食产量高低有重大影响，但是社会经济技术因子在中国粮食生产中起主要作用。系统综合因素预测法与气象产量预测法的主要区别是前者认为社会经济技术因子在中国粮食生产中起主要作用。其理由如下：

(1) 社会经济技术因子决定粮食的长期趋势。如中国 1952 年粮食产量为 3278 亿斤，2014 年为 12141 亿斤，2014 年粮食产量等于 1952 年的 370.4%。62 年中增长了 3 倍以上。这主要是由于社会经济技术因子的变化造成的，而这 62 年间气候变化并不显著。

(2) 社会经济技术因子是造成年度间粮食产量波动的重要因素。根据中国的情况，除天气这个影响年度间粮食产量波动的重要因素以外，政策、价格、良种、肥料、灌溉和机械动力等的变动也是粮食产量波动的重要因素。如 1952 年以来中国粮食产量有三次大波动，第一次是 1959—1961 年粮食产量的大幅度下降，1958 年粮食产量为 20000 万吨，1960 年为 14350 万吨，减少了 5650 万吨，下降幅度为 28.3%；第二次是 1980—1984 年粮食产量大幅度上升，1980 年粮食产量为 32056 万吨，1984 年为 40731 万吨，4 年中增加了 8675 万吨，增长 27.1%。这主要是由于社会经济技术因子而非气象因子造成的。第三次是 1999—2003 年粮食产量的大幅度下降，1999 年粮食产量为 50839 万吨，2003 年为 43070 万吨，4 年中减少了 7769 万吨，下降幅度为 15.3%。这三次年度间粮食产量大幅度波动都是社会政治经济因素造成的。

改革开放以后，粮食价格对粮食产量影响日益显著，粮食价格的高低，粮食与其它作物之间比价的变动对农民的种植意向起重要作用，粮价下降往往引起产量下降。

系统综合因素预测法的预测方程为：

$$\hat{Y} = f(X^1, X^2, X^3) + CA$$

这里 $\hat{Y}, X^1, X^2, X^3$ 分别表示粮食亩产预测值、各种社会政治经济因素、生产技术因素和自然因素，CA 为调整项。

2.2.2 关键技术–投入占用产出技术

投入产出分析是美国科学家 W. Leontief 所创立的，他曾获得 1973 年诺贝尔经济学奖。这种方法对分析投入与产出之间的联系有重要作用，其缺点是没有反映占用与产出之间的联系，如占用的自然资源 (耕地等)、固定资产、不同熟练程度的劳动力对产出的作用。陈锡康等为进行全国粮食产量预测编制了中国农业投入产出表，发现耕地在粮食生产中起重要作用，但包括耕地在内的自然资源在投入产出分析中没有得到很好反映。进而发现，人力资本 (特别是熟练劳动力)、科学技术 (如知识和固定资产数量及质量) 和教育等在投入产出分析中也基本上没有得到反映。

占用是生产过程的前提和基础。在进行生产以前，必须具有掌握相应科学技术和管理知识的劳动力、固定资产、流动资金，以及自然资源（耕地、矿产资源等）。生产的规模和效益在很大程度上是由占用品的数量和质量所决定的。为了提高生产水平首先就要求提高劳动力的熟练程度和采用先进的机器设备，即提高占用品的数量和质量。

占用与投入是两个不同的概念。投入是指生产过程中的消耗。例如中间投入是指生产过程对系统各部门的产出的消耗，如材料、动力和劳务等的消耗。最初投入

135

是指生产过程对初始要素，如固定资产、劳动等的消耗，如固定资产折旧、从业人员报酬等。占用是指对生产中长期使用的物品，如固定资产、流动资产、劳动力、科技和教育、自然资源等的拥有状况。

陈锡康等在从事农产品预测过程中提出了投入占用产出技术 (Chen, 1990, 1992)，它是投入产出分析的一种扩展和发展。

利用投入占用产出技术可以对农业生产进行深入的经济分析，分析农作物生产过程中的投入，如化肥、种子、动力、农业服务和占用，如耕地、水、劳动力等对农作物产量的影响。特别是在农业投入占用产出表的基础上可以计算以下两组指标：第一，各种农作物的每亩纯收益、每个工日纯收益和资金利润率。事实表明1981 年后中国粮食生产的波动与粮食纯收益的变化有密切关系，纯收益的高低直接影响粮食生产的投入和占用的数量。统计检验表明上一年度的粮食纯收益与本年度的产量有显著的线性相关关系。第二，利用投入占用产出表可以精确地计算各种农产品对各种投入品的完全消耗系数 (Chen, 1990、1999)。

顾名思义，完全消耗系数是直接消耗系数和间接消耗系数的加和，那么什么是间接消耗? 我们通过图 1，以粮食对电力的消耗为例来分析。

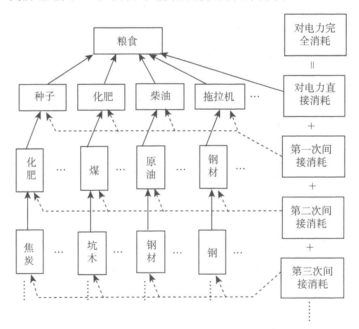

图 1　粮食对电力的完全消耗系数

粮食的生产过程中消耗了种子、化肥、柴油、拖拉机以及电力等，此处对电力的消耗是粮食对电力的直接消耗；进一步，考虑粮食生产过程中直接消耗的种子，种子的生产过程中也消耗了化肥和电力，此处种子对电力的直接消耗是粮食对电力的第一次间接消耗，同样，粮食生产中直接消耗的化肥、柴油、拖拉机、电力等的生产过程也对电力产生了消耗，粮食通过所直接消耗的产品产生的对电力的消耗，称之为对电力的第一次间接消耗；种子生产过程中消耗了化肥，化肥的生产过程也对电力产生消耗，那么对应粮食生产过程而言，此处对电力的消耗为第二次间接消耗，即粮食通过第一次间接消耗的产品的生产对电力的消耗，依次递推可得粮食对电力的第三次、第四次等无穷次间接消耗。

在投入产出分析中完全消耗系数的计算公式为：

$$B = (I - A)^{-1} - I$$

这里 A, B 分别为直接消耗系数矩阵和完全消耗系数矩阵，I 为单位矩阵；而投入占用产出分析得出新的完全消耗系数计算公式为：

$$B = (I - A - \hat{\alpha}D)^{-1} - I$$

这里 $\hat{\alpha}, D$ 分别为固定资产折旧率对角矩阵和对固定资产的直接消耗系数矩阵。根据 1987 年投入产出表可知，中国生产每吨小麦直接耗电 45.4 度。在不考虑占用的公式计算时，小麦对电的完全消耗为 157 度/吨，而在考虑占用的公式计算时，小麦对电的完全消耗为 198 度/吨。

投入占用产出分析目前已获得国际上部分著名学者，如美国科学院院士 Walter Isard、投入产出分析的创始人、诺贝尔奖获得者 Wassily Leontief、澳大利亚昆士兰大学教授 R. C. Jensen 和诺贝尔奖获得者 Lawrence Klein 等的好评。如 Walter Isard 院士认为投入占用产出分析令人极为感兴趣 (extremely interesting)，远比标准的投入产出分析好，是非常有价值的发现 (very valuable findings)，是先驱性研究 (pioneering research)。诺贝尔奖获得者 W. Leontief 教授曾邀请陈锡康为国际刊物 International Journal on Input-Output Analysis (此刊物问世后取名为 Economic Systems Research，是国际投入产出协会 (IIOA) 主办的关于投入产出的刊物) 的创刊号撰文，并在致国际投入产出协会秘书长 J. Skolka 的信中写到："投入占用产出及完全消耗系数计算方法是我们领域的一项非常重要的发明和创新。"澳大利亚昆士兰大学教授 R. C. Jensen 和 A. G. Kenwood 在昆士兰大学与中科院代表团的备忘录中写到："澳大利亚方面对陈锡康教授在中国所发展的新的投入占用产出方法极为欣赏，并期望这种方法将在澳大利亚得到应用"，并把 "投入占用产出技术的应用" 列为双方今后的合作研究项目。

2.2.3　考虑报酬递减的非线性预测方程等

粮食亩产的高低受一系列因素的影响，很多因素对粮食亩产的影响是非线性的。以化肥为例，中国化肥的增产效果如表 1。

当每亩化肥施用量为零时，增施 1 公斤化肥可增产粮食 8.05 公斤。当每亩化肥施用量为 10 公斤时，再增施 1 公斤化肥可增产粮食 3.90 公斤。当每亩化肥施用量为 25 公斤时，再增施 1 公斤化肥可增产粮食 1.54 公斤。也就是说，随着化肥施用量增加，化肥的增产效果日益下降。2013 年我国每亩播种面积化肥施用量为 23.94 公斤，根据我们计算，增施 1 公斤化肥可增产粮食 1.62 公斤。

表 1　中国化肥增产效果

化肥施用量 (公斤/亩)	边际效果 (公斤) (增加 1 公斤化肥增产粮食)	平均效果 (公斤) (每公斤化肥平均增产粮食)
0	8.05	8.05
5	5.59	6.75
10	3.90	5.72
17	2.42	4.64
25	1.54	3.77
50	1.11	2.47

注: 本表中每亩化肥施用量及每亩粮食产量均按播种面积计算。

肥料的作用遵循边际报酬递减律，在方程中以非线性变系数的形式出现，如[1]：

$$\hat{Y} = 18.6566D - 13.5552X_1 + 1.2437X_2 + 16.8942X_3$$
$$(5.75) \qquad (-2.01) \qquad (3.72) \qquad (6.52)$$
$$+ 1.4380(6.15e^{-0.04762017X_4} + 1.9)X_4 +$$
$$(8.53)$$
$$+ 1.9093(1.53e^{-0.03335118X_5} - 0.11)X_5 + CA$$
$$(2.67)$$
$$R^2 = 0.9951 \quad F = 1571 \quad N = 45(1952 - 1996)$$

这里 $\hat{Y}$：预测亩产。

D：政策虚变量，在农业政策有严重问题的年份 D ＝－ 1；

X_1：灾害系数（包括水、旱、风、雹灾及霜冻等）；

X_2：灌溉面积系数；

X_3：农机动力系数；

---

[1] 这是我们在 1999 年以前采用的 20 个粮食产量预测方程之一.

X_4：每亩播种面积化肥施用量；

X_5：农家肥施用系数；

CA：调整项；

R^2：复相关系数。

1998 年中国科学院实行知识创新工程以后，我们在对各部门消耗系数变动趋势进行理论研究和实际分析基础上，进一步提出了多种考虑报酬递减的非线性预测方程，特别是以双向正负指数形式反映化肥施用量与粮食亩产的函数关系，取得了很好的效果。经检验，利用新方法的拟合效果显著地高于原有的方法。目前已得到精度很高的 20 多个非线性粮食产量预测方程，并在实践中得到成功应用。如 2015 年预测中应用了 36 个拟合精度非常高的非线性预测方程，这些预测方程的平均 R^2 值为 0.9902，最小值为 0.9724，所有解释变量的检验值均大于 1.8。

2.2.4　最小绝对和方法

在回归分析中，回归方程中的参数 β 一般是利用最小二乘法（LS）求出的，即：

$$\min\ Z = \sum (\hat{Y}_i - Y_i)^2$$

其缺点是少数误差值很大的观察点经平方处理后将使所拟合曲线严重地向此少数点偏移，影响预测精度。改进方法之一是使预测值与实际值的误差绝对值之和达到最小，即：

$$\min\ Z = \sum |\hat{Y}_i - Y_i|$$

此方程可以利用线性规划方法进行参数估计，其模型为：

$$\begin{cases} \min\ \sum (u_i + v_i) \\ \beta_0 + \beta_1 X_{1i} + \cdots + \beta_k X_{ki} - Y_i = u_i - v_i \quad i = 1, 2, \cdots, n \\ u_i \geqslant 0, \quad v_i \geqslant 0 \end{cases}$$

其中，$u_i = \dfrac{\left|\hat{Y}_i - Y_i\right| + (\hat{Y}_i - Y_i)}{2}, v_i = \dfrac{\left|\hat{Y}_i - Y_i\right| - (\hat{Y}_i - Y_i)}{2}$

利用最小绝对和方法计算结果如下：

$$\begin{aligned} \hat{Y} =\ & 20.0568D - 21.3992X_1 + 1.1137X_2 + 17.6891X_3 \\ & + 1.4867(6.15e^{-0.04762017X_4} + 1.9)X_4 \\ & + 2.1946(1.53e^{-0.03335118X_5} - 0.11)X_5 + CA \end{aligned}$$

此方程将每亩粮食的平均预测误差由 3.788 公斤降为 3.652 公斤，误差与平均亩产之比由 2.28% 降为 2.20%。对某些方程可使预测误差减少 24% 左右。

为提高预测精度，我们研究组在每年 3、4 月份到中国 16 个主要生产粮食的省和自治区进行实地调查研究，听取和收集当地农业专家意见（专家法）和各种相关信息，进行有关技术经济分析，并在此基础上对预测方程的计算结果进行修正。特别重要的是，对历史上从未出现过的重大因子，如实行联产承包责任制、推广新的优良谷物品种等，则根据部分地区试点资料，通过 CA 项作修正。

2.3　预测因素与数据资料来源

2.3.1　预测主要因素

农产品价格、农业生产资料价格、农民种植每亩粮食纯收入、每亩净产值、每亩减税纯收益、政策变量、耕地面积、复种指数、粮食种植面积、受灾面积、受灾严重程度、受旱灾严重程度、化肥施用量、农家肥施用量、良种推广程度、有效灌溉面积、农用塑料薄膜使用量、农药使用量、农业机械总动力、机耕面积、农用柴油数量、役畜数量、农业劳动力数量、时间趋势、国际市场粮食及化肥供求状况、国际市场粮食及其它农产品价格、国际市场农业生产资料价格等。

2.3.2　预测资料来源

（1）1952 年到预测年度前一年上述预测主要因素的时间序列数据及预测年度前 4 个月的部分数据。

（2）中央有关部门提供的信息资料。

（3）本项目组对河南、山东、黑龙江、吉林、辽宁、内蒙古、河北、四川、江苏、安徽、湖北、湖南、陕西、江西、广西和新疆等 16 个省和自治区调查的资料①。

（4）互联网和报刊中有关信息资料。

3.　预测情况和评价

3.1　预测情况

第一，自 1980 年开始基本上在每年 4 月底完成当年度预测，预测提前期在半年以上。提早半年预报使得政府有关部门有充足的时间安排粮食的收购、储存、运输、消费和进出口等。

第二，预测各年度粮食丰、平、歉方向完全正确，如提前半年预报了 1984 年、1995 年及 2004 年到 2015 年等年度的粮食丰收和 2000 年、2001 年、2003 年及 1985 年等年度的粮食歉收等。

---

① 各年度调查省份常有变动。这是 2015 年的调查省区.

第三，我国 1980 年到 2015 年粮食预测产量与国家统计局根据抽样实割实测调查获得的粮食产量相比，36 年的平均误差为 1.8%。目前国际上粮食产量预测的误差为 3%—5% 左右。预测精度远较国外高。

中国科学院 1980 年到 2015 年历年粮食产量预测情况如表 2。

由表 2 可见 1980—2015 年 36 年平均预测误差为 1.74%。我国 1980 年到 2015 年粮食的预测产量与抽样实测实割产量如图 2 所示。

表 2　中国科学院 1980—2015 历年年初粮食预测产量与抽样实割产量对比

年份	年初预测产量（亿斤）	抽样实割产量（亿斤）	误差（%）	误差绝对值（%）	预测时间
1980	6393	6411	−0.28	0.28	当年 9 月 2 日
1981	6646	6500	2.25	2.25	当年 6 月 2 日
1982	6939	7090	−2.13	2.13	当年 8 月 1 日
1983	7609	7746	−1.77	1.77	当年 4 月 30 日
1984	7945	8146	−2.47	2.47	当年 4 月 19 日
1985	7602	7582	0.26	0.26	当年 5 月 4 日
1986	7810	7830	−0.26	0.26	当年 5 月 5 日
1987	8065	8060	0.06	0.06	当年 4 月 30 日
1988	7980	7882	1.24	1.24	当年 4 月 30 日
1989	8268	8151	1.44	1.44	当年 4 月 26 日
1990	8425	8925	−5.60	5.60	上年 8 月 1 日
1991	8780	8706	0.85	0.85	当年 4 月 27 日
1992	8746	8853	−1.21	1.21	当年 4 月 30 日
1993	8880	9130	−2.74	2.74	当年 5 月 9 日
1994	8870	8902	−0.36	0.36	当年 4 月 30 日
1995	9220	9332	−1.20	1.20	当年 4 月 27 日
1996	9680	10091	−4.07	4.07	当年 4 月 28 日
1997	9970	9883	0.88	0.88	当年 5 月 8 日
1998	9960	10246	−2.79	2.79	当年 4 月 26 日
1999	10150	10168	−0.18	0.18	当年 4 月 25 日
2000	9500	9244	2.77	2.77	当年 7 月 20 日
2001	9180	9053	1.40	1.40	当年 4 月 27 日
2002	9450	9141	3.38	3.38	当年 4 月 30 日
2003	9020	8613	4.72	4.72	当年 4 月 21 日
2004	9240	9389	−1.59	1.59	当年 4 月 27 日
2005	9550	9680	−1.35	1.35	当年 4 月 25 日
2006	9770	9950	−1.81	1.81	当年 4 月 25 日
2007	10060	10032	0.28	0.28	当年 4 月 25 日
2008	10200	10574	−3.54	3.54	当年 4 月 24 日
2009	10640	10616	0.22	0.22	当年 4 月 25 日
2010	10630	10928	−2.73	2.73	当年 4 月 25 日
2011	11020	11424	−3.54	3.54	当年 4 月 25 日
2012	11610	11791	−1.54	1.54	当年 4 月 25 日
2013	11940	12039	−0.82	0.82	当年 4 月 25 日
2014	12190	12142	0.40	0.40	当年 4 月 25 日
2015	12370	12429	0.47	0.47	当年 4 月 28 日
1980—2015 年 36 年平均预测误差（%）				1.74	

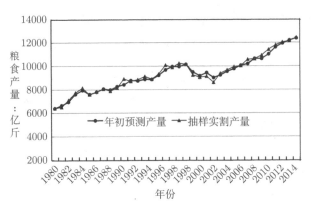

图 2　中国科学院 1980—2015 历年年初粮食预测产量与抽样实割产量对比图

以 2005 年为例。2005 年初农业部门和很多领导人对 2005 年粮食生产并不乐观，认为能维持 2004 年水平就很好了。理由之一是 2004 年全国粮食获得大丰收，粮食产量比 2003 年增加 776 亿斤，增长 9%，增长幅度为我国建国以来最大的一年。根据历史经验，大丰收后一年的粮食产量往往下降。理由之二是，2004 年天气条件特别好，2005 年天气可能不如 2004 年。我们经过详细分析、实际调查和利用预测模型反复计算，得到 2005 年我国粮食产量将继续增产，但增长幅度小于 2004年。

2005 年 5 月初，经路甬祥院长签发，中国科学院数学与系统科学研究院陈锡康等向中央领导和有关部门报送了 "2005 年全国粮食、棉花和油料产量预测"。预报 2005 年全国粮食将增产，产量为 9550 亿斤，棉花将大幅度减产，预计产量为575 万吨，油料产量与 2004 年持平，预计产量为 3060 万吨。

根据国家统计局 2006 年 2 月 28 日发布的 "中华人民共和国 2005 年国民经济和社会发展统计公报"，2005 年我国粮食产量为 48401 万吨，即 9680 亿斤。2005年度粮食增产得到证实。预测误差为产量的 1.3%。

胡锦涛、温家宝（2 次）、回良玉、陈至立等分别在 2005 年 5 月 1 日、5 月 2日、5 月 5 日和 5 月 8 日对此项预测有重要批示和好评。

又以 2013 年为例。2013 年 4 月 26 日陈锡康和杨翠红等将 2013 年预测报告报送中科院，经中国科学院白春礼院长审阅和签发于 2013 年 4 月 27 日报送中央政治局七位常委及国务委员和副总理等。得到中央领导和有关部门高度重视。2013年 11 月 29 日年国家统计局公布 2013 年全国粮食产量为 12038.7 亿斤，比 2012年增加 247 亿斤。我们的预测误差为 −0.80%。

中央领导李克强、张高丽（2 次）、刘延东、汪洋（2 次）、马凯、杨晶等先后有

8 个批示。中央有关领导指出,感谢同志们的工作。这种预测对我们把握国内粮食供求及世界粮价都很有帮助,请农业部、商务部负责同志工作中注意利用预测成果指导工作。中央领导指出:感谢中科院的工作,有关部门参考把握。

3.2　预测的作用

(1)为中央判断各年度农业生产形势、判断主要农作物生产形势和进行高层次的农业决策服务。

(2)为安排粮食、棉花和油料的进口、出口和储存,进行农业生产计划和调度,制定有关工业(如食品工业、纺织工业、化肥工业等)发展计划等提供参考资料。

(3)为中央研究全国粮食供求平衡、保证粮食安全等提供科学的参考依据。

(4)提早半年对当年度粮食丰、平、歉方向及粮食产量进行比较准确的预测以后,有关部门就有可能在国际市场粮价低迷时组织粮食进口,价格较高时安排粮食出口,从而带来巨大的经济效益。如提前半年预报 1983、1984、1990、1998、2004、2005~2015 等年度丰收,1985、2000、2003 等年度歉收。在安排粮食收购(粮仓建设及准备粮食收购资金等)、消费、储存、运输、进口、出口等方面产生突出的社会经济效益。

国际粮食市场价格经常大幅度波动,以 2002 年美国 1 号硬红冬麦价格为例:2002 年 4 月均价为 133.5 美元/吨,2002 年 10 月均价为 202.7 美元/吨。半年中国际粮食市场每吨价格上涨 69.2 美元。

2002 年缺粮约 3000 万吨。如果全部靠进口小麦,在 4~5 月份小麦价格较低时进口比 10 月份后购买可节省外汇 20.76 亿美元,即节省人民币 171.6 亿元。

粮食产量预测的具体用途:粮食收购 — 安排收购资金、粮食储存 — 安排修建扩大粮库、安排粮食消费、安排粮食进口和出口、判断粮食生产形势、研究粮食安全、制订农业和粮食政策、安排农业生产资料生产和供给、制订轻工业发展规划的依据、研究和分析农民收入、分析粮食供求平衡、制订全国和农村经济发展规划等。

3.3　中央有关领导及部委评价

3.3.1　中央领导评价

到 2015 年为止,多位中央主要领导对此项研究工作至少有 67 次好评和批示。如国务院前总理李鹏 1997 年 3 月 2 日在全国政协八届五次会议科技组讨论会上讲话,以很长篇幅高度评价此项科研工作。他指出:**"最近这几年中国科学院所做的粮食产量预报,应该说还是比较准确的。" "不要以为这是小事,这是一件很大的**

事情。产量的估计影响政策的决定。粮食产量如果估计得不合适，估少了，得出缺粮的结论，就得出去购买粮食。估得过高，没有那么多，粮食真的短缺，临时去买粮就难了"（李鹏，1997，关于科技投入和基础研究规划问题，载于国家自然科学基金委：《中国科学基金》，1997 年第 3 期，第 157 页）。前国务院副总理回良玉曾指出："贵院数学与系统科学研究院陈锡康等的 '预测报告' 已阅，**这对我们农业生产和农村经济发展的工作指导和政策制定是很有益处的**"。历年来中央领导评价的简况如下：

陈锡康等自 1980 年开始进行粮食产量预测，最初 10 年，即 1980 年到 1989 年的预测报告由原国务院农村政策研究室或中国科学院上报中央后，中央领导并没有引起特别的重视和批示。由于预报精度很高，1990 年以后的预测报告引起中央领导重视。1990 年 5 月初当时中央负责经济工作的中共中央政治局常委，国务院副总理姚依林在阅读中国科学院上报的 1990 年粮食产量预测报告后曾批示：工作做得很好，表示感谢。1995 年国务院前副总理邹家华批示这个工作有很好的科学性，有相当高的精确度。此后中央多位领导给以重视。1996 年李鹏总理批示科学院 1995 年预测报告很准。李鹏并说："几年来的实践证明，科学院的预测还比较接近实际"（李鹏：首先要解决好农业问题 —— 在听取国家计委和农业部汇报 "九五" 计划和 2010 年远景目标时的谈话，载于农民日报，1996 年 8 月 23 日，第一版）。"中国科学院多年来从事全国粮食产量预测工作做得很好，预测粮食产量与实际很接近。中国科学院要把这项对国民经济具有重大意义的工作继续很好地进行下去"（中国科学报 1996 年 1 月 31 日第一版头条报导李鹏在中央经济工作会议上讲话）。李岚清、姜春云和邹家华也都做了批示。此后，由于粮食生产对一个具有 13 亿人口的大国的重要性，中科院每年上报的各年度粮食产量预测报告都引起中央领导的重视和批示。据初步统计 1980 年以来中央副总理以上 20 多位领导同志，如李克强、胡锦涛、李鹏、朱镕基、温家宝、张德江、张高丽、汪洋、刘延东等先后对粮食产量预测有 68 次以上好评和批示。如 2013 年 4 月 30 日汪洋同志指出，感谢同志们的工作。这种预测对我们把握国内粮食供求及世界粮价都很有帮助，请农业部、商务部负责同志工作中注意利用预测成果指导工作。

3.3.2　中央有关部委的部分评价

中央 8 个以上有关部局曾分别致函中国科学院对该项研究给以很高评价。有关部门在致中国科学院函中说："预报提前期长"，"预测精度高，对粮食形势的判断准确"，"这项预测为我们和其它部门制定粮食购销、进出口政策提供了重要的决策参考依据"。

2010 年 7 月 2 日农业部韩长赋部长曾致函中科院认为 "中科院长期坚持开展我国主要农产品产量预测，取得了高水平的预测成果，对农业农村工作提供了重要支持"。

原中共中央农村政策研究室和原国务院农村政策研究室在 1990 年 7 月 10 日致中国科学院："为国家进行较高层次的农业问题决策提供了重要的数量分析参考依据，对职能部门安排粮食进出口、储存、进行农业生产计划和调度起了重要的辅助作用。这个项目具有重大的社会效益和经济效益，受到了重视"。"特别是在我国粮食产量起伏很大年份，这项研究提供了较准确的预报 …… 得到中央领导的好评"。

国家粮食局 2003 年 10 月 9 日致中科院函："这项预测为我们和其它部门制定粮食购销、进出口政策提供了重要的决策参考依据。如预报 1996、1997、1998 年粮食丰收后，政府有关部门采取增加贷款等措施，积极支持粮食企业扩大仓容，为粮食收购后合理安排工作争取了主动"。"特别是在我国粮食产量起伏很大的年份，这项研究提供了较准确的预报，如提前半年预报 1996 和 1998 年粮食丰收，以及最近几年粮食减产等"。

国家发展和改革委员会 2003 年 10 月 12 日："该项预测为我们及时判断农业生产形势，研究制订有关农业政策提供了有益的参考依据，为做好宏观调控工作发挥了积极作用。"

农业部市场和经济信息司 2003 年 10 月 8 日："我们已连续多年收集和汇总各单位和专家的有关全国粮食产量的预测结果。根据我们所掌握的信息，到目前为止，中国科学院数学与系统科学研究院陈锡康等所做的全国粮食产量预测的提前期较长，预测结果和实际情况比较接近"，"此项研究为农业部尽早掌握全国粮食等农作物的收成状况及安排农业生产提供决策参考依据"。

1995 年 9 月 11 日中国科学院周光召院长和陈宜瑜副院长在收到中央政策研究室信以后，曾致函系统研究所表彰粮食产量预测课题组。函中主要内容如下："系统研究所：你所粮食产量预测组的同志近年来对全国粮食产量的预测，引起了中央有关部门的高度重视和充分肯定。最近，中央政策研究室致函表扬，并希望继续扩大此项工作的内容，周光召院长和陈宜瑜副院长都作了重要批示。全国粮食产量预测成果，是国家农业和经济发展宏观决策的重要依据，具有很高显示度，是我院服务于国民经济主战场的重要体现。根据院领导的指示，由我局转告光召院长向你所及课题组的敬意，并请根据中央政策研究室和院领导的指示精神，提出 "九五" 期间的工作投想，再接再厉作出更大成绩。附件：中共中央政策研究室函。中国科学院自然与社会协调发展局，1995 年 9 月 11 日。"

3.3.3 国外部分专家评价

世界银行农业经济专家 P. C. Sun 博士和 T. J. Goering 博士等认为："本项预测研究比国际同类预测精确度高。"

农业部市场与经济信息司 2003 年 10 月致中国科学院函中写到："这项工作引起了有关方面的重视，也得到了国际同行的高度关注。**我部信息中心 1990 年接待了世界银行农业经济代表团，该团 P. C. Sun 博士和 T. J. Goering 博士等认为'本项预测研究比国际同类预测的精确度高'。**此项研究为农业部尽早掌握全国粮食等农作物的收成状况及安排农业生产提供决策参考依据。"

4. 获 奖 情 况

投入占用产出技术与全国粮食产量预测研究已获得若干奖项。主要奖项有：

(1) 首届中国科学院杰出科学技术成就奖一等奖（个人奖）；

(2) 首届管理学杰出贡献奖一等奖；

(3) 国际运筹学进展奖一等奖；

(4) 北京市科技进步奖一等奖；

(5) 中国科学院科技进步奖一等奖；

(6) 国家科学技术进步奖三等奖。

5. 全国粮食产量预测研究工作的扩展
—— 区域粮食产量预测研究

5.1 预测区域粮食产量的意义

对粮食生产情况进行提前期较长的预测，并就粮食生产及消费中出现的重大问题提出对策，对保障我国的粮食安全，对政府提前安排粮食生产、收购、储存、消费和进出口意义极大。我国的粮食生产情况极不平衡，全国各省、市和自治区都生产粮食，但主产省份粮食生产形势的好坏事关我国粮食生产的大局。全国粮食产量预测多年来取得了很高的预测精度，已经为国家有关部门进行农业决策提供了很重要的科学依据，中国科学院前院长路甬祥曾多次提出，希望能将全国粮食产量预测研究工作扩展到区域粮食产量预测研究。

我国的粮食生产主要集中在河南、山东、东北四省区（黑龙江、吉林、辽宁和内蒙古）和江苏、四川、安徽等省区。根据国家统计局关于 2014 年粮食产量的公告，2014 年全国粮食产量为 60709.9 万吨（12142 亿斤），2014 年这九个省区（以下简称"九省区"）粮食产量为 34932 万吨（6986 亿斤）占全国粮食产量的 57.5%，其中河南省、山东省和东北四省区（以下简称"六省区"）的粮食产量合计占到全国粮食产量的 40.6%，而黑龙江省、河南省和山东省则分别占 10.3%、9.5% 和 7.5%，在全国各省区中位居前三位。

分粮食品种来看，2013 年河南和山东分别生产了全国 27% 和 18% 的小麦；而东北四省区的玉米产量占全国玉米产量的约 30%；稻谷则主要集中于湖南、江西、江苏、湖北、黑龙江和四川等省，其产量合计占全国稻谷产量的 55% 以上。

过去的经验一再表明，粮食主产省区生产形势如何对全国的粮食生产有着决定性的影响，主产省粮食的稳定生产是实现全国粮食安全的基础，同时也有利于我国经济特别是物价的稳定。以 2010 年为例，2010 年我国秋粮增产 1801 万吨，即 360 亿斤，增产幅度为 4.8%，其主要原因是当年东北四省区秋粮大丰收，比 2009 年增产约 1394 万吨，其中黑龙江、吉林、辽宁和内蒙古分别增产 660 万吨、383 万吨、176 万吨和 177 万吨。

综上所述，粮食主产省区的生产形势决定着我国粮食产量的总体走势，因此如果对主产省区的粮食产量进行提前期较长的准确预测，就可在很大程度上对全国粮食产量有一个很好的把握。不仅如此，还可以更有针对性地指导一个省份的粮食生产、消费、储存，以及调入和调出，及时采取相应的措施，稳定当地及全国的粮食产需。需要指出的是，由于天气和政策因素对局部区域粮食产量的影响更大，对省（区）粮食产量的准确预测与对全国粮食产量进行准确预测相比，其难度更大。

5.2　中科院进行区域粮食产量预测简况

主要产粮大省粮食生产形势的好坏对全国粮食生产有非常重要的影响。按照中国科学院前院长路甬祥的指示，在中国科学院国家数学与交叉科学中心支持下，中科院预测科学研究中心从 2011 年年初开展了河南、山东两大粮食主产省粮食产量预测模型的研制和实际预测，并在当年 5 月份上报了年度预测报告。2011 年年底开始又陆续开展了东北四省区（黑龙江、吉林、辽宁和内蒙古）和黄淮海地区（河南、山东、江苏、安徽、河北）两大主产区粮食产量预测模型的研制、实际预测，并上报预测报告。2011 年 10 月 16 日，项目组邀请了粮食主产省农业、统计相关部门的农业专家，召开了 2011 年区域粮食产量预测研讨会。参加会议的除中国科学院数学与系统科学研究院研究人员外，还有黑龙江、吉林、辽宁、山东、江苏、内蒙古等粮食主产省区农业主管及统计部门、西安交通大学、中国科技大学管理学院、陕西师范大学的 30 余名专家及研究生。探讨区域粮食产量的主要影响因素、重点需要考虑的问题、区域的选择问题和未来工作开展，专家结合本省实际对区域粮食产量预测提供建议。

在中科院数学与系统科学研究院杨翠红研究员主持下，2012 年、2013 年和 2014 年又继续对河南、山东两大粮食主产省和东北四省区与黄淮海地区粮食产量进行预测研究。

2015 年 4 月底，在综合考虑农业生产情况及社会、经济、技术以及天气等因素的基础上，并结合对相关省份农业专家的调研结果，我们分别完成了 2015 年河南省、山东省、东北四省（区）、黄淮海五省的粮食产量预测报告。预测结果显示，在天气为中等情况下，2015 年上述省区均将实现不同程度的粮食增产，其中河南省粮食比 2014 年增产 30.1 亿斤，山东省增产 14.7 亿斤，东北四省（区）将比 2014 年增加 151 亿斤左右，黄淮海五省将增产 79.8 亿斤左右。

5.3 对区域粮食产量预测的评价和反映

从 2011 年开始，中国科学院数学与系统科学研究院杨翠红研究员领导的小组开展了河南、山东、东北四省区、黄淮海地区等粮食主产区的粮食产量预测，其预测期都在半年以上，预测误差在 1.3% 以下，受到了相关地区领导和部门的高度重视和好评。

区域粮食产量预测报告通过多个途径上报到国家和相关省部门。由预测科学研究中心上报农业部以及相关省的主管领导/相关部门，比如河南省政府主管农业省长、省农业厅、省发展和改革委等；山东省农业厅、省统计局、省粮食局等。河南省张维宁副省长在收到中国科学院预测科学研究中心上报的 2014 年河南省粮食产量预测报告后曾做出重要批示。河南省刘满仓副省长在收到中国科学院预测科学研究中心报送的 2012 年河南省粮食产量预测报告后做了批示，表示感谢，希望今后加强联系，进一步关心和支持河南的发展。河南省农业厅、河南省发改委很关注此项研究，就 2012 年报告分别写信给中科院预测中心，表示对此项研究的重视并表示感谢。

有关报告通过中国科学院办公厅电子政务上报中央和国务院，如东北四省区、黄淮五省区两大主产区域的报告。东北四省区 2013 年报告被国办《专报信息》采用。

中央农村工作领导小组办公室在收到中国科学院预测科学研究中心报送的 2015 年河南省、东北四省（区）、山东省、黄淮海五省的粮食产量预测报告后，于 2015 年 5 月 26 日致中国科学院预测科学研究中心一封感谢信。信中说"……对山东、河南、东北四省区、黄淮海五省的粮食产量进行了科学的分析预测，**对我们掌握当**

前主产区粮食生产情况，制定下一步的粮食产销政策具有重要参考价值"、"当前，我国粮食供求格局发生了阶段性变化，特别是随着粮食产量'十一连增'，今后粮食增产的难度越来越大，粮食生产也越来越向主产区集中，主产区粮食生产形势对全局举足轻重"、"多年来贵中心承担了全国粮食产量预测研究工作，为此付出了艰辛劳动，取得了科研佳绩。为此，我们对中心全体同志表示衷心感谢和敬意，希望继续持之以恒做好此项重要工作，为促进粮食生产稳定发展作出新的贡献"。

参考文献

[1] Becker-Reshef, E. Vermote, M. Lindeman, C. Justice. 2010. A generalized regression-based model for forecasting winter wheat yields in Kansas and Ukraine using MODIS data. Remote Sensing of Environment, Vol.114, No.6, pp.1312–1323.

[2] Chen Xikang. 1990. Input-Occupancy-Output analysis and its application in China. in Dynamics and Conflicts in Regional Structural Change. Manas Chatterji and Robert E. Kuenna. eds. London: Macmillan Press, 267–278.

[3] Chen Xikang. 1990. The Social-Economical-Technical factor forecast of China's grain yield in A.D. 2000. Proceedings of Beijing Symposium on Planetary Emergency，Food, 16–37.

[4] Chen Xikang. 1992. The Social-Economic-Technical factor forecast method for grain yield. Systems and Control. International Academic Publishers.

[5] Chen Xikang. 1992. Studies on national grain yield prediction. Selections from the Bulletin of the Chinese Academy of Sciences. Science Press, 327–333.

[6] Chen Xikang. 1998. Input-Occupancy-Output analysis and its applications in Chinese Economy. International Journal of Development Planning Literature, 13(2): 105–118.

[7] Chen Xikang. 1999. Input-Occupancy-Output analysis and its application in Chinese Economy. S. Dahiyaeds. The Current State of Economic Science. Spellbound Publications Pvt. Ltd, 1: 501–514.

[8] Xikang Chen, Xiaoming Pan and Cuihong Yang. 2001. On the study of China's grain prediction. International Transactions in Operations Research, 8(4): 429–437.

[9] Chen Xikang, Guo Ju'e and Yang Cuihong. Chinese economic development and input-output extension. 2004. International Journal of Applied Economics and Econometrics, 12(1): 43–88.

[10] D.J. Stephens, G.K. Walker, T. J. Lyons. 1994. Forecasting Australian wheat yields with a weighted rainfall index. Agricultural and Forest Meteorology, 71(3)-(4): 247–263.

[11] K.A.P. Menon, B. Bowonder. 1978. A model for forecasting wheat production. Technological Forecasting and Social Change, 11(3): 261–271.

[12] Xikang CHEN, Ju'e GUO and Cuihong Yang. 2005. Extending the input-output model with assets, Economic Systems Research, 17(2): 211–225.

[13] Xikang Chen, Ju'e Guo and Cuihong Yang. 2008. Yearly grain output prediction in China 1980—2004. Economic Systems Research, 20(2): 139–150.

[14] Eerens H. et al. 1991. The integration of remote sensing and GIS—technologies for the mapping of land use and the assessment of crop acreages. Proceedings of the 24th International Symposium on Remote Sensing of Environment, (5): 525–536.

[15] Guo Ju'e. 2000. Study on trends of change in direct input coefficient of China. Journal of Systems Science and Systems Engineering, 9(1): 61–64.

[16] Hayes M. J. and Decker W. L. 1996. Using NOAA AVHRR data to estimate maize production in the United States corn belt. International Journal of Remote Sensing, 17(16): 3189–3200.

[17] Quarmby N. A. et al.. 1993. The use of multi-temporal NDVI measurements from AVHRR data for crop yield estimation and prediction, International Journal of Remote Sensing, 14(2): 199–650.

[18] Thompson L. M. 1969. Weather and technology in the production of wheat in the United States. Journal of Soil and Weather Conservation, 24: 214–219.

[19] Wang Chunyi. 1995. A diagnostic experiment of the influence of CO_2 on the winter wheat. Journal of Environmental Sciences (Quaterly), 7(2): 167–175.

[20] Wang Chunyi, Pan Yayu et al. 1997. The experiment study of effects doubled CO_2 concentration on several main crops in China. ACTA Meteorological Sinica, 55(1): 86–94.

[21] Williams G.D.V., Joynt M.I. and Mecormick P.A. 1975. Regression analysis of Canadian prairie crop district cereal yields, 1961—1972, in relation to weather, soil and trend. Canadian Journal of Soil Science, 55: 43–53.

[22] Yang Cuihong. 1999. A New method to Calculate Investment Multiplier. Journal of Systems Science and Systems Engineering, 8(4): 499–502.

[23] 钱学森, 王寿云. 1988. 系统思想和系统工程. 论系统工程 (增订本). 长沙: 湖南科学技术出版社.

[24] 钱学森, 于景元, 戴汝为. 1990. 一个科学新领域 —— 开放的复杂巨系统及其方法论. 自然杂志, 13(1): 3–10.

[25] 陈锡康等编著. 1992. 中国城乡经济投入占用产出分析. 北京: 科学出版社.

[26] 陈锡康. 1992. 全国粮食产量预测研究. 中国科学院院刊, 7(4): 330–333.

[27] 陈锡康. 1995. 投入占用产出技术与全国粮食, 棉花产量预测研究. 科学决策, 1995, (3): 29–32.

[28] 陈锡康等. 1995. 中国粮食前景与战略. 中国农村经济, 1995 年第 3 期.

[29] 王寿云，于景元，戴汝为等. 1996. 开放的复杂巨系统. 杭州：浙江科学技术出版社.

[30] 李鹏. 1996. 首先要解决好农业问题. 农民日报，8 月 23 日，第 1 版.

[31] 陈锡康，郭菊娥. 1996. 中国粮食生产发展预测及其保证程度分析. 自然资源学报，11(3)：197–202.

[32] 李鹏. 1997. 关于科技投入和基础研究规划问题. 中国科学基金. 11(3)：157–158. 北京：科学出版社.

[33] 陈锡康，潘晓明. 1997. 21 世纪中国人均粮食需求量分析与预测. 科学决策，1997(1)：33–36.

[34] 中国科学院国情分析研究小组著. 陈锡康主编. 1997. 农业与发展 —— 中国 21 世纪粮食与农业发展战略研究. 沈阳：辽宁人民出版社.

[35] 陈锡康. 1997. 投入占用产出技术及其在粮食产量预测中的应用. 国家自然科学基金委年度报告集，第 11–12 页.

[36] 陈锡康，李文华. 1998. 中国粮食生产面临的困境与危机 ——21 世纪前期中国粮食产量长期预测. 科学决策，1998 年第 3 期.

[37] 陈锡康，潘晓明. 1998. 农业投入占用产出及其在全国粮食产量预测中的应用. 国家自然科学基金国际合作项目成果汇编.

[38] 成思危. 1999. 复杂科学与管理. 中国科学院院刊，14(3)：175–183.

[39] 陈锡康，潘晓明. 2000. 从农作物产量预测看发展交叉科学研究的重要性. 中国科学院院刊，15(1)：47–49.

[40] 陈锡康，杨翠红. 2002. 投入占用产出技术与全国粮食产量预测研究. 国家自然科学基金委员会编. 国家自然科学基金资助项目优秀成果选编（三）. 上海：上海科学技术出版社，169–170.

[41] 陈锡康，杨翠红. 2003. 投入占用产出技术在全国粮食产量预测及乡镇企业中的应用. 中国科学基金，17(3)：149–152.

[42] 陈锡康，杨翠红. 2004. 粮食产量预测与我国粮食安全. 软科学要报，14：1–9.

[43] 杨翠红，陈锡康. 2008. 2008 年我国粮食、棉花和油料生产形势的分析预测. 中国科学院院刊，23(1)：23–29.

[44] 郭海英，万信，杨兴国. 2008. 利用气象与生态要素预测冬小麦产量. 气象科技，36(4)：440–443.

[45] 杨翠红，陈锡康. 2009. 2009 年我国粮食、棉花和油料生产形势初步分析. 中国科学院预测科学研究中心：2009 中国经济预测与展望. 北京：科学出版社，297–314.

[46] 陈锡康. 2009. 投入占用产出技术在理论与应用方面的若干重要进展. 彭志龙，刘起运，佟仁城主编. 中国投入产出理论与实践 2009. 北京：中国统计出版社，3–19.

[47] 王会娟，陈锡康，杨翠红. 2010. 2010 年我国粮食需求形势分析与预测. 中国科学院预测科学研究中心：2010 中国经济预测与展望. 北京：科学出版社，361–372.

[48] 陈锡康，杨翠红等. 2011. 投入产出技术. 北京：科学出版社.

[49] 杨翠红, 王会娟, 陈锡康. 2012. 2012 年我国农业生产形势与粮食需分析. 中国科学院预测科学研究中心: 2012 中国经济预测与展望. 北京: 科学出版社, 159–175.

[50] 杨翠红, 陈锡康. 2013. 2013 年农业生产形势与展望. 2013 年中国经济预测与展望. 北京: 科学出版社, 85–96.

[51] 杨翠红, 陈锡康. 2014. 2014 年我国农业生产形势与展望. 2014 年中国经济预测与展望. 北京: 科学出版社, 85–96.

[52] 杨翠红, 陈锡康. 2015. 2015 年中国农业生产形势分析与展望. 2015 年中国经济预测与展望. 北京: 科学出版社, 83–94.

　　王惠文，生于 1957 年 10 月 31 日，河北人，博士毕业于北京航空航天大学经济管理学院。目前在北京航空航天大学经济管理学院工作，教授。现任北航经济管理学院学术委员会主任，"城市运行应急保障模拟技术" 北京市重点实验室主任，北航复杂数据分析研究中心主任；国家杰出青年科学基金获得者，享受国务院政府特殊津贴；并任北京市政协常委，市政协提案委员会副主任。现为国际统计学会会员、国际统计计算学会会员、中国统计教育学会常务理事、全国统计教材编审委员会委员、中国管理现代化研究会常务理事、中国大数据专家委员会委员，国家自然科学基金委员会学科评审组成员。

　　主要从事复杂数据统计分析理论方法与应用研究。先后主持国家 863 项目、国家自然科学基金重点项目、国家自然科学基金重点国际（地区）合作研究项目以及面上项目等 20 余项。主持过教育部博士学科点基金、北京市自然科学基金等；还主持了诸多政府和企业的应用项目研究。出版学术专著 5 部，发表论文 150 余篇。研究成果曾于 1996、1999 年两次获得中国航空工业总公司（部级）科技进步二等奖；2000 年获北京市科技进步三等奖。曾于 1996 年被评为北京市优秀青年骨干教师，2000 年入选中国教育部《跨世纪优秀人才培养计划》，2001 年获得《国家杰出青年科学基金》。2006 年被授予"为全国小康建设做出突出贡献的统一战线先进个人" 称号。2002 获得北京市三八红旗奖章，2004 年被授予全国三八红旗手称号，2012 年获得北京市师德标兵称号，2014 年被评为北京市优秀德育工作者。

王惠文　关　蓉　上官丽英　陈梅玲　黄乐乐

复杂数据多元统计分析方法及其应用

复杂数据多元统计分析方法及其应用

王惠文 [①]　关　蓉 [②]　上官丽英 [③]　陈梅玲 [④]　黄乐乐 [⑤]

1. 引　言

随着信息技术的快速发展和大数据时代的来临，数据信息的收集与存储变得极为便捷。在许多公司、银行、金融市场、政府机构或者电商企业中，经过信息系统的持续应用和多属性业务数据的长期积累，已经形成规模巨大、亟待开发的全量、全程数据。如何灵活运用这些数据宝藏，快捷有效地透析系统的本质特征与运行规律，并为复杂系统的状态诊断、趋势预测以及调控决策带来全新的研究视角，这已经成为经济管理领域中的重要课题，同时也将催生新一轮统计数据建模理论与方法的创新高潮。

面对如此海量、高维的异质信息数据集合，要从理论上探讨新的多元统计建模方法，首先是需要加强对海量观测数据的高效分析与建模能力。在传统的统计建模问题中，一般使用的观测点数量往往只有几十、几百，多则可能达到几千。然而在当今经济管理领域的问题研究中，观测数量往往非常大，动辄几万、几十万，甚至几百万、上千万。使用传统统计模型处理如此惊人的样本容量，一方面会带来巨大的计算压力，同时还会丧失分析结果的可视化与可解释性。为解决上述问题，一种常用的方式是针对现有的各种多元数据分析模型，分别去研究如何实现它们的并行算法与增量算法，并结合不断进步的计算机分布式计算技术，来提高整体的计算效率。而另一种处理方式则是先采用分类分析方法，将海量观测数据划分成若干大类，然后对每一类数据进行合理的概要描述，用以代表该类数据中的关键信息。例如，可以用区间数据、直方图数据、分布数据（统称为符号数据，symbolic data：Diday (1988)；Billard and Diday (2003)）来概括一组数据。比如在对股票市

---

① 北京航空航天大学.

② 中央财经大学.

③ 九州证券股份有限公司.

④ 中国科学院数学与系统科学研究院.

⑤ 百度时代网络技术（北京）有限公司.

场进行分析时，若决策者希望从全局层面上研究股票市场特征，而不关心个股的表现，这时就可对股票按板块打包，然后用直方图数据来刻画每个板块股票在收益率、市盈率等指标上的取值分布；而对于一组定性数据，则可以通过对分类后的观测点进行频次统计来形成成分数据（compositional data：Aitchison（1986））。例如在对电影博文数据进行分析时，可以通过统计观众"喜欢、一般、不喜欢"的百分比，将定性评论整理成为可供分析的成分数据。总而言之，第二种方式就是借鉴分层管理的思想，对海量观测数据进行分类概要描述，从而力图从宏观层面上展示数据集合的全局特征与趋势规律。近三十多年来，有关符号数据、成分数据的多元统计建模的理论方法已得到长足发展，并且也被广泛应用于经济管理领域的海量数据分析。

另一个亟待解决的问题是高频数据的处理方法。目前，高频数据也已广泛存在于各种经济管理活动中。例如在中国股票市场，股票交易数据是每 6 秒钟收集一次；在神经经济学的研究中，脑电波的数据收集可以达到每分钟 10000 次以上；在北京市院前急救的数据系统中，120 急救车辆的轨迹信息是每 30 秒收集一次；而在研究电影网的大众评价时，每天收集的网上用户评分数据也可能高达数万条。为了对这种高速流入的数据进行有效处理，Ramsay and Silverman（1997）提出了一种特殊的数据类型 —— 函数数据（functional data），这为研究高频数据问题带来了很多便利。例如在对股票、期货和外汇市场中的高速流动数据进行整理时，如果采用函数数据来刻画交易价格或交易量的每日运行模式，会远比仅仅使用当日的平均价格或平均交易量能更全面地反映市场的本质特征。此外，函数数据的采集也十分灵活方便，它不要求有统一的数据采集频率和时间间隔。在经典的数据分析方法中，如果要使用若干数据序列进行分析建模，则对它们的观测时刻必须是一致的。但在许多跨平台数据分析的应用问题中，经常会遇到在不同时刻采集的数据序列。例如电影网评价系统构建中，网络上的用户评分数据与网下的观影团评分数据的收集频率是不一致的。而采用函数数据就可以方便地处理此类线上 — 线下的信息融合问题。

由于上面提到的符号数据、成分数据、函数数据都不同于普通的实数域数据，所以它们被统称为"复杂数据"。在这样的问题研究中，人们需要对包含复杂数据的数据矩阵进行分析，这对传统的统计建模理论提出了新的重大挑战。2010—2014年，北航复杂数据分析研究中心的王惠文教授团队承担了国家自然科学基金重点项目"经济管理领域中高维复杂数据分析理论与应用"（项目编号：71031001），2015年又获批国家自然科学基金重点国际（地区）合作研究项目"海量高维混合数据的统计建模方法及其应用"（项目编号：71420107025）。在这些项目的研究过程中，课题组以经济、金融与管理领域中一些重大的数据分析问题为背景，对高维复杂数据统计分析中的一些基础性与前沿性的理论问题开展研究，发展适应大规模、高维复杂数据的新型统计分析方法。目前主要的研究进展可以简要归纳成以下几个方面。

2. 符号数据多元分析方法研究

2.1 基于全信息的区间数据主成分分析方法

人们对海量观测数据问题的关注由来已久。20 世纪 80 年代，国际著名分类学家 Diday（1988）提出处理大规模数据的符号数据分析方法（symbolic data analysis，简称 SDA）。SDA 的主要思路是运用 "数据打包" 的思想，首先对观测数据进行分类，然后再采用区间数据（interval-valued data）、直方图数据（histogram data）或分布数据（distributional data）等，对每一类数据进行概要描述。

早期的符号数据分析主要聚焦在区间数据分析方法的研究，当时的主流研究思路都采取一种 "以局部信息来替代整体信息" 的技术路线，缺乏较为准确的代数理论体系支撑。例如 Cazes 等人（1997）提出的顶点法主成分分析（vertices principal component analysis，简称 VPCA）、中心法主成分分析（centers principal component analysis，简称 CPCA），以及 Palumbo and Lauro（2003）提出中心点半径主成分分析（midpoints radii principal component analysis，简称 MRPCA) 等。这些方法大多是仅仅利用了区间数据中的部分信息（顶点、中心、半径），而不是运用区间数据中的全部信息，因此必然会导致明显的分析误差。Gioia and Lauro（2006）看到了这些研究的缺陷与困境，为此力图给出一种基于全信息的解决方案。他们根据 Moore（1966）的区间代数理论，给出了主轴和主成分方差均为区间型数据的区间主成分算法（interval principal component analysis，简称 IPCA）。然而该方法在计算过程中却存在着计算量过大的问题，并且对相应的计算分析结果也难于进行解释和理解。

针对长期以来区间数据主成分分析只能使用局部信息的困境，王惠文，关蓉等（2012）在研究中提出了一种基于全信息的区间数据主成分分析方法（complete-information-based principal component analysis，简称 CIPCA）。该方法将每一个高维区间观测点视作一个超立方体，有无限稠密的数据点均匀分布其中。基于该假设，通过数学推导，给出了区间数据的主成分分析方法。与经典的顶点法（VPCA）和中心法（CPCA）相比，由于 CIPCA 方法操作简单，在计算过程中保留了区间样本内部的全部信息，从而可获得更加准确的分析结果。而通过仿真实验和实际算例，也验证了 CIPCA 方法的建模精度有显著提高。

相关方法应用于 2005 年中国科学引文数据库（Chinese Science Citation Database，简称 CSCD）共计 667 个学术期刊的数据分析。由于样本数量较大，直接采用经典的主成分分析技术进行处理，降维后得到的投影图并不直观（如图 1（a）所示）。而如果将样本点按照学科进行分类，并采用区间数据对原始数据进行概括，就能得到如图 1（b）所示的投影图，横轴和纵轴分别代表了期刊的引用质量和载文量，而其中每一个矩形对应于某一个学科的所有期刊在主平面图上的得分范围。显然，区间数据的投影图信息清晰，便于管理人员得到有价值的分析结论。

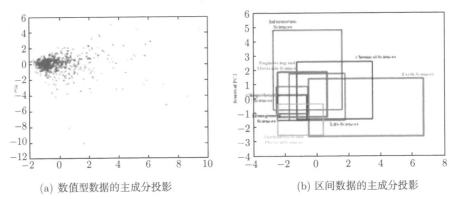

(a) 数值型数据的主成分投影   (b) 区间数据的主成分投影

图 1   普通主成分分析与区间数据主成分分析的结果对比

2.2   基于全信息的区间数据线性回归方法

作为典型的建模方法研究，课题组重点研究了区间数据的线性回归方法。在现有文献中，Billard and Diday（2000）提出了中心法（center method，简称 CM），Lima Neto and Carvalho（2008）提出了中心半长法（center and range method，简称 CRM）。进一步地，Lima Neto and Carvalho（2010）还给出了带约束的中心半长法（constrained center and range method，简称 CCRM）等方法。但是，上述方法在建模过程中，也都只使用了区间样本的部分信息（如中心点、半长）。此外，在预测因变量的区间数值时，CM 和 CRM 可能会出现"下界预测值大于上界预测值"的情况。

针对上述问题，王惠文，关蓉等（2012）提出了一种新的区间数据线性回归建模方法 —— 全信息法（complete information method，简称 CIM）。CIM 方法首先给出了区间数据的点积定义和线性运算规则，并且依此推导了区间数据的线性回归模型。由于在点积定义中使用了区间样本的全部信息，因而通过 CIM 方法得到的参数估计值更加准确。此外，CIM 方法采用了 Moore（1966）的区间数据线性组合算法，可以避免出现"下界预测值大于上界预测值"的情况，这也就保证了区间数据预测值的内部一致性。

通过仿真实验和实际算例，将 CIM 方法与已有的中心法（CM）、中心半长法（CRM）、带约束的中心半长法（CCRM）进行了比较，验证了 CIM 的优越性。在其中一个二元线性回归算例中，还将 CIM、CM 的建模结果与分划数据的建模结果进行了对比（如图 2 所示，两个子图分别对应于二元模型的两个回归系数）。横轴表示分划数据的分划密度参数，圆圈是分划数据的参数结果，虚线和实线分别代表 CM、CIM 的建模结果。可以看到，随着分划数据量的增大，分划数据的结果趋向于 CIM 的结果。这一结论表明，CIM 方法能够最准确地捕捉区间数据内部的全部信息，进而揭示海量数据系统的内在规律。

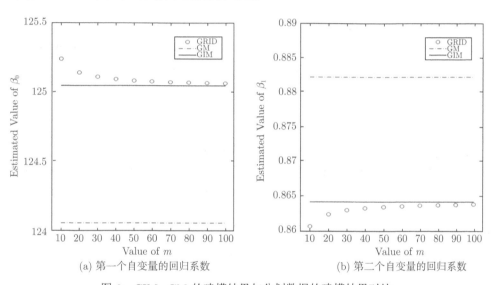

(a) 第一个自变量的回归系数   (b) 第二个自变量的回归系数

图 2   CIM、CM 的建模结果与分划数据的建模结果对比

2.3   连续可加分布型符号数据的主成分分析方法

较长时间以来，绝大多数的符号数据分析方法创新都聚焦于区间数据，而在直方图数据和分布数据处理方面的研究却相对较为薄弱，尤其是几乎没有文献明确的针对连续型分布数据。另外，现有的直方图型符号数据的 PCA，比较常用的方法是采用某种变换形式，将分布数据主成分分析问题转化为区间数据的主成分分析问题。例如，Rodriguez et al.（2000）提出了一种将直方图数据表变换成区间数据表的方法，从而将对直方图数据的主成分分析问题转化为区间数据的主成分分

析问题。Kallyth and Diday（2010）提出的直方图数据主成分分析的思路与针对区间型数据的中心法主成分的思路类似，其首先定义了直方图数据的均值，在此基础上对直方图符号数据表所对应的均值数据表进行普通的主成分分析，然后运用切比雪夫不等式将直方图符号数据转化成区间数据，从而实现样本的投影。这些分析方法也同样存在局部信息替代整体信息的问题，在计算样本协方差矩阵进行数据特征降维时容易造成重大分析误差。此外，上述方法的另一个重要缺陷是关于分布型符号数据的线性组合缺乏一个精确的算法。

针对上述问题，王惠文等（2016）以可加分布型符号数据作为突破口，提出了基于全信息的正态分布型数据的主成分分析建模方法（principal component analysis for normal-distribution-valued symbolic data，简称 ND-PCA），该方法同样适用于所有可加分布型符号数据。推导结果表明，与经典的针对单值型数据的主成分分析方法相同，正态分布型数据的主成分分析方法仍以方差–协方差矩阵为核心，主成分的求解过程也就是方差–协方差矩阵的特征值分解过程，并且所得到的正态分布型的主成分与经典的主成分具有同样的性质。更重要的是，由于所研究的分布对象具有分布可加性，可以得到精确的主成分投影表达公式。

文章还通过仿真实验说明了经典的"中心法"存在信息利用不充分的本质缺陷，而该文的方法在计算过程中考虑了符号型数据的全部信息，计算结果相比其它方法更为准确的。该文还运用正态分布型数据对中国股票市场各个风格板块加以概括，分别是大盘成长（L-G）、大盘价值（L-V）、中盘成长（M-G）、中盘价值（M-V）、小盘成长（S-G）和小盘价值（S-V），并采用正态分布型数据的主成分分析方法探讨了 2010 年 7 月 26 日到 2011 年 7 月 24 日中国股票市场的运行情况（如图 3 所示）。分析表明，这一期间的中国股市存在以下现象：流通市值越大的股票

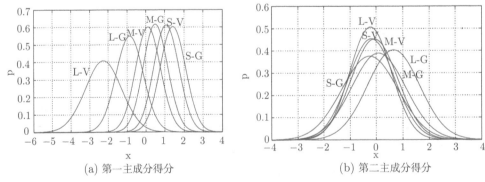

(a) 第一主成分得分　　　　　　　　(b) 第二主成分得分

图 3　六类股票在第一主成分（风险）和第二主成分（收益）的得分分布情况

投资价值越高，但实际交易并不活跃；成长类股票的风险高于价值类股票的风险，但是收益率却不一定高，市场中存在风险收益不对称的现象；大盘成长类股票的收益率最高而风险较低，在当时的中国股票市场是非常值得投资的。上述研究表明，该文提出的方法可以有效挖掘出数据内部隐含的特征规律。

2.4 混合分布型符号数据的主成分分析方法

区间数据和分布数据是符号数据分析领域应用最为广泛的两种数据类型。从理论上讲，区间数据其实只是分布数据的一个特例。然而在早期的符号数据分析研究中，这两种数据分析方法的研究发展却是完全割裂的。Verde and Irpino（2010）也意识到同样的问题，试图建立一种直方图数据的代数理论，并将区间数据作为直方图数据的特例。其主要思想是用分位数函数来表达分布数据单元，然后基于 Wasserstein 距离（Wasserstein（1969））来测量样本之间的误差平方和，并以此预测直方图值数据。由于该模型是基于直方图的分位数函数，因此如果当回归系数为负值的时候，可能导致模型的结果不再是一个分位数函数。为了表达因变量与自变量之间的负相关关系，Dias and Brito（2011）在建立直方图数据的线性回归模型过程中，同样基于直方图数据之间的 Wasserstein 距离，并在线性回归模型中引入对称直方图，但是该模型也没有解决回归系数为正的约束。此外，Irpino and Verde（2015）又引入了一个两阶段模型来改进基于直方图数据分位数函数的 Wasserstein 距离方法。虽然可以通过最小化距离函数来得到模型的参数估计，然而由于分位数函数本身在普通加法和数乘运算上不具备线性空间的结构，因此得到的估计系数容易失效。

除此之外，以往方法普遍要求符号数据表中的所有数据单元必须是同一种类型（区间数据、直方图数据、分布数据）。但是，在很多实际问题中，数据表中分布类型经常是混杂的。事实上从理论上讲，区间数据和直方图数据其实都是分布数据的特例。为了进一步扩大符号数据多元分析的应用范畴，陈梅玲等（2015）以连续随机变量的数字特征积分计算理论为基础，给出混合分布型符号数据变量的均值、方差、协方差的定义，以及这类符号数据的线性组合计算方法，并依此推导了混合分布型符号数据的主成分分析方法（Probabilistic Symbolic Principal Component Analysis，简称 PSPCA）。这种新方法允许数据表中的每一个数据单元都服从不同的分布类型，因此具有更加普遍的适用性。特别有意义的是，与国际上广泛使用的 Moore 代数相比，PSPCA 方法的符号数据线性组合计算方法更加精确有效，信息损耗明显更小。

为了说明方法的实际应用价值，以 2007 年《科学引文索引》（Science Citation

Index，简称 SCI）收录期刊为研究对象，将期刊引用报告网络数据库（Journal Ci-
tation Reports，简称 JCR）提供的 6337 种 SCI 期刊划分成数理科学、化学科学、
生命科学、地球科学、工程材料科学、信息科学、管理科学以及综合期刊 8 类，选
取了总被引频次、影响因子、五年影响因子、载文量、文章影响力 5 个指标分析各
个学科的期刊的发展水平。分析结果表明各个学科在不同类别的指标上的表现是
不同的，呈现不同的分布特征（如图 4 所示）。特别地，综合期刊在第一主成分的
得分有着比较明显的分化，存在两个峰值。研究结论表明，使用混合分布型符号数
据的主成分分析方法进行分析，不仅保留了符号数据在处理大规模数据中可以提
升数据可视化程度的优势，而且可以精确地反映每个符号对象所包含的分布信息。

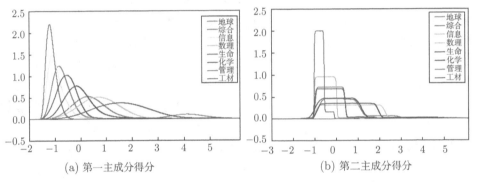

(a) 第一主成分得分　　　　　　　　　　(b) 第二主成分得分

图 4　八个学科在第一主成分和第二主成分的得分分布情况

3. 成分数据多元分析方法研究及其拓展

3.1　多元成分数据的主成分分析方法

成分数据（compositional data）在自然科学、工程技术以及社会经济管理等各
个领域均有着广泛的应用。例如，在材料领域，成分数据可以用来反映金属材料所
含化学元素的比例；在气象领域，成分数据可以用来反映大气的结构；在经济领域，
成分数据可以用来反映投资结构、产业结构、居民消费结构；此外，某社区的性别
比例、人体血液成分、药剂成分、地质学科中岩石的矿物组成等均可以用成分数据
进行表示；成分数据还可以用来概括大规模的复杂数据，挖掘复杂数据的内部信
息。与普通数据相比，成分数据要求满足各分量非负且其和等于 1 的约束条件，这
一约束条件给有关成分数据的统计分析带来诸多困难。

具体用数学方式表达，任意一个 D 水平的成分数据可以表示为一个向量 $Z =$

$[z_1, z_2, ..., z_D]' \in S^D$，$S^D$ 为 Aitchison 单形空间（Aitchison (1986)），即 D 水平的成分数据集。其中，$z_i(i = 1, \cdots, D)$ 称为成分数据 Z 中的元素，且满足 $0 \leqslant z_i \leqslant 1$，$\sum_{i=1}^{D} z_i = 1$ 的定和约束条件。为了消除定和约束的影响，已有文献通常在对成分数据统计分析之前，对其进行对数比变换。目前已有的对数比变换方法主要有三种：可加对数比变换（additive logratio transformation，简称 alr）、中心化对数比变换（centered logratio transformation，简称 clr），以及等距对数比变换（isometric logratio transformation，简称 ilr）。这些对数比变换可以将成分数据从单形空间变换到欧式空间，然后利用经典统计分析方法解决成分数据问题。

对于成分数据的主成分分析研究，已有文献主要是针对一元成分数据，即将成分数据的分量作为变量进行讨论。Aitchison（1986）最先利用成分数据分量的少数几个线性组合来捕捉成分数据里面所含有的信息，提出了成分数据的主成分分析。继而，Aitchison and Greenacre（2002）采用中心化对数比变换和可加对数比变换对成分数据的主成分分析进行研究，但两种变换方法均不适用于稳健的主成分分析。Filzmoser（2009）提出利用等距对数比变换进行稳健的协方差估计和稳健的主成分分析。然而，对于将成分数据整体作为变量的多元成分数据的主成分分析研究相对较少。针对多元成分数据的主成分分析问题，王惠文，上官丽英等（2015）从 Aitchison（1986）提出的单形空间出发，在单形空间成分数据向量的代数体系以及数字特征的基础上，构建了单形空间多元成分数据的协方差矩阵，提出了多元成分数据的主成分分析方法（PCA for compositional data vectors），给出了多元成分数据主成分分析的建模步骤和主成分的一些性质。

作为应用案例，王惠文，上官丽英等（2015）利用多元成分数据主成分分析方法，讨论了中国工业产品地区分布结构问题。利用 2005—2011 年，包括原煤、原油、发电量、粗钢以及水泥在内的工业产品，以及每一种工业产品分别在华东、东北、华中、中国西部四个地区的产量所占比重的相关数据进行主成分分析。结果显示，2005—2011 年期间，中国西部工业产品所占的比重逐年增加，而华东和东北的比重在逐年下降，华中的比重先增后减（如图 5 所示）。而且，从 2006—2007 年，2010—2011 年，工业产品在各地区的产量分布经历了两次重大改变。

3.2　多元成分数据回归分析方法

对于成分数据的回归分析，已有文献主要包含三种类型。Aitchison and Bacon-Shone（1984）、Filzmoser et al.（2012）研究了将普通数据作为因变量、成分数据的

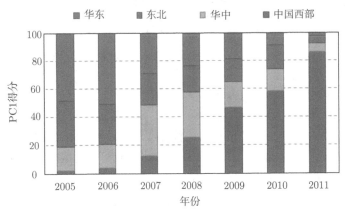

图 5 2005—2011 年各地区的第一主成分得分图

分量作为自变量的回归模型。Aitchison and Egozcue（2005）讨论了将成分数据整体作为因变量，普通数据作为自变量的回归模型。王惠文，上官丽英等（2013）首先在单形空间中给出了成分数据向量的代数体系，包括内积、距离以及模长等定义；进一步，基于成分数据向量内积的定义，给出了成分数据变量的数字特征。依据单形空间成分数据向量代数体系，利用单形空间成分数据向量内积定义，提出了单形空间一元成分数据关于多元成分数据的线性回归模型求解方法（multiple linear regression modeling for compositional data）；推导了单形空间线性回归模型的评价指标决定系数 R^2 以及交叉验证相关系数 Q^2 的公式；此外基于等距对数比变换以及矩阵内积的定义，还推导了成分数据经过等距对数比变换后的数据在欧式空间的线性回归模型及求解方法。

作为应用案例，王惠文，上官丽英等（2013）利用多元成分数据回归分析方法，讨论了基于产业结构的地区经济之间的回归关系。利用 1995 年至 2010 年间上海按三次产业分的地区生产总值结构数据、固定资产投资结构数据以及就业结构数据进行分析，建立了以地区生产总值结构数据为因变量，以固定资产投资结构数据及就业结构数据为自变量的回归模型。上海地区生产总值三产比重实际数据与拟合数据的结果如图 6 所示，可以看出该回归模型的有效性和实用性。关于多元成分数据线性回归的论文发表后，成分数据等距对数比变换的创始人 Egozcue 专门发来邮件，评论说："**你们为成分数据领域的发展做出了重要贡献。**"

3.3 投入产出表的预测建模研究

在拓展研究方面，本项目将成分数据预测模型嵌套在投入产出表的预测建模过程中。投入产出表（如图 7 所示）是国民经济核算和分析的一种重要工具。然而，到目前为止，投入产出表在应用上依然存在一些困难，其中一个最重要的原因就是投入产出表的时滞问题。由于投入产出表的编制是一项耗时耗力的工程，需要大量

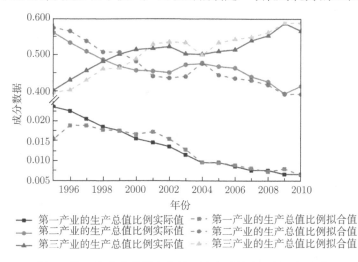

图 6　按三次产业分的上海地区生产总值实际值和拟合值

投\产出		中间使用			最终使用										
		产品部门1	‥	产品部门 n	中间使用合计	最终消费					资本形成总额			出口	最终使用合计	进口	总产出
						居民消费			政府消费	合计	固定资本形成额	存货增加	合计				
						农村居民消费	城镇居民消费	小计									
中间投入	产品部门1 ⋮ 产品部门n	第Ⅰ象限				第Ⅱ象限											
	中间投入合计																
增加值	劳动者报酬 生产税净额 固定资产折旧 营业盈余 增加值合计	第Ⅲ象限															
	总投入																

图 7　投入产出表基本结构（A 表）

时间和人工去搜集相关数据，所以多数国家或地区每隔若干年编制一张投入产出表。投入产出表的时滞问题严重制约了投入产出表的使用，因此投入产出表的预测建模一直是经济学家和统计学家密切关注的重要领域。

RAS 法（以其提出者 Richard Stone 及其合作者 Abraham Aidenof 的名字首字母命名，又称为 biproportional scaling method，即双比例尺度法）和优化法是实现投入产出表预测的两大类主要方法（Stone（1961）；Lenzen et al.（2012））。但是，在实际应用过程中，这两类方法始终存在诸多问题：首先，需要假设直接消耗系数在预测期内不会发生较大波动，这与实际情况不符（Sonis and Hewings，1992）；其次，需要知道未来分析年份各个部门的总产出以及中间总投入、中间总产出情况，这些数据的获取也较困难；此外，优化法的求解过程非常复杂，有时甚至不存在最优解。

为了解决投入产出表编制的时滞问题，简化投入产出表编制的过程，王惠文、王成等（2015）提出了基于矩阵变换的时间序列投入产出表预测建模方法（matrix transformation technique based forecast modeling of input-output table，简称 MTT）。该方法可以保证在满足投入产出表内部约束条件的基础上，通过矩阵变换外推预测未来的投入产出表。为了验证所提方法的实际应用价值，以美国 1967 年、1972 年和 1977 年三年的投入产出表为研究对象，利用图 7 投入产出表基本结构（A 表）预测建模方法，基于 1967 年和 1972 年投入产出表来预测 1977 年的投入产出表，并与现有的两种常用的投入产出表预测方法 generalized RAS（简称 GRAS，Günlük-Senesen and Bates（1988））和 Kuroda 法（Kuroda（1988））进行比较，效果如表 1 所示。进一步的实证研究还表明，与国际现有的常用算法相比，本项目所提出方法的预测精度更高，并且在应用时所使用的经济约束条件最少。相关论文在国际投入产出表领域的权威期刊 *Economic Systems Research* 发表。

表 1　美国 1977 年投入产出表预测效果

Methods	*STPE*		*U*		*MAPE*	
	Index value	Rank	Index value	Rank	Index value	Rank
GRAS	11.318	2	0.096	2	0.299	1
Kuroda	12.646	3	0.114	3	0.338	2
MTT	0.522	1	0.002	1	2.095	3

4 函数数据多元分析方法研究

4.1 函数型线性回归模型的 M 估计

随着计算机相关技术的发展，人们搜集和存储数据的能力不断提升。函数数据是一种观测密集的高频数据，在经济活动中广泛存在。该类数据由于观测连续维数很高，并且共线性现象普遍存在，采用普通多元统计分析的方法往往不能奏效。自 Ramsay and Silverman（1997）提出函数数据这一概念之后，统计学界对函数数据的研究陆续展开。

在函数数据的回归分析方面，通常研究的模型根据自变量和因变量的数据类型是数值型还是函数型可将模型区分为：函数型自变量和数值型因变量的回归模型，自变量和因变量均为函数型的回归模型以及非参数和半参数变系数模型（He et al.（2002）；Preda and Saporta（2005））。目前，函数数据的回归分析研究重点主要集中于自变量为函数型、因变量为数值型的回归模型上。关于该类模型的参数估计和变量选择等问题的研究，具有诸多成果。例如，Cardot et al.（2005）基于样条方法，对函数型线性模型的参数估计进行研究，得到了一些有价值的理论结论；Hall et al.（2007）提出函数型主成分回归分析方法，并在函数型系数的收敛速度方面得到了很好的理论结果，由此成为函数数据分析中的标准方法；Kato（2012）基于函数型主成分分析，探讨了函数型线性模型的分位数估计量的理论性质，并对主成分个数选择的准则进行了比较分析；Yuan et al.（2012）在再生核希尔伯特空间的框架下，对函数型线性模型的参数估计和预测精度问题进行了对比研究。

黄乐乐等（2014）重点研究了基于函数型主成分分析的函数型线性模型的 M 估计（M-estimator for functional linear regression model，简称 MFLR）。函数型线性模型可用于研究函数型自变量和数值型因变量之间的相关关系，由于函数型自变量对应的系数是未知函数，故需要通过非参数统计的方法进行估计。在现有文献（Cardot et al.（2005）；Hall et al.（2007）；Yuan et al.（2012））中，对函数型线性回归模型的研究主要集中于最小二乘估计，而二乘估计对于异常值是极为敏感的。数据中含有异常值或者有明显的离群点（曲线）时，估计的系数具有较大的方差，波动性明显。基于此，黄乐乐等提出更加一般化的损失函数，研究函数型线性回归模型的 M 估计，可以根据需要选择不同的损失函数，得到函数型系数的不同估计量。在此过程中，对于无穷维函数型协变量，通过函数型主成分基函数分析对其进行投影；为了尽可能地保留原有信息，还根据方差占比信息对投影后的得分进行截断，进而转化为多元线性模型进行估计；最后再基于主成分基函数对函数型系数进行重构。数据模拟结果表明，该方法具有较好的效果（如图 8 和图 9 所示）。在一定条件下，还可以从理论上得到估计量的收敛速度，为后续研究打下基础。

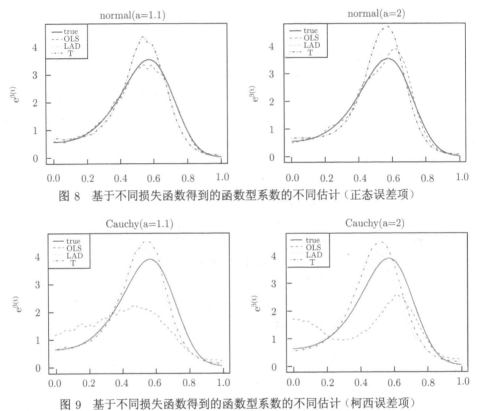

图 8　基于不同损失函数得到的函数型系数的不同估计（正态误差项）

图 9　基于不同损失函数得到的函数型系数的不同估计（柯西误差项）

4.2　基于偏最小二乘的函数型线性模型 group 变量选择方法

在有关函数型线性模型的变量选择方法研究中，大部分文献在对函数型自变量进行投影时所使用的基函数是样条、傅里叶基函数或者函数型主成分基函数。基于样条、傅里叶基函数的函数型回归方法（Cardot et al.，2005），在给定节点后，其基函数基本上便确定下来，而并非基于数据选择基函数。而函数型主成分回归方法（Hall et al. (2007)）在对函数型自变量进行投影时，仅从自变量的信息损失角度考虑，而未考虑对因变量的解释能力。考虑到以上两类方法的不足，受多元回归分析中偏最小二乘相关方法的启发，Delaigle and Hall（2012）提出了单个函数型线性回归模型变量的偏最小二乘方法，其中在对函数型自变量进行展开时采用了函数型偏最小二乘基函数。

在许多实际数据分析问题中，人们经常讨论含有函数型自变量与数值型因变量的回归模型，并且需要在选择基函数时考虑因变量的影响。在此类问题中，采用函数型偏最小二乘基函数会更加实用，并且使用较少的基函数，就可以达到较好的预测效果。在 Delaigle and Hall（2012）的工作基础上，结合罚函数类 group 变量选择的经典方法，王惠文，黄乐乐（2014）进一步讨论了基于偏最小二乘的函数型线性模型 group 变量选择方法（group variable selection based on functional partial least squares），利用函数型偏最小二乘基函数对多元函数型自变量进行投影，之后再进行 group 变量选择，并在一定条件下研究了其理论性质。

该方法被用于分析环境因素对人们健康状况的影响。分析过程中主要考虑了北京市的每天最高气温、每天最大风速、每天最低相对湿度、每天最高气压以及每小时记录一次的 PM 2.5 浓度这 5 个函数型自变量（见图 10）。由于函数数据类型的引入，有效解决了不同指标观测频率不同的困扰。与此同时，以对应时间段的北京市院前门急诊人数作为因变量，基于函数型偏最小二乘基函数并进行 group 变量选择，得到了变量选择的结果（如图 11 所示），PM2.5 浓度对于院前门急诊人数具有显著的影响。

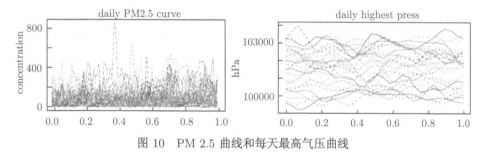

图 10　PM 2.5 曲线和每天最高气压曲线

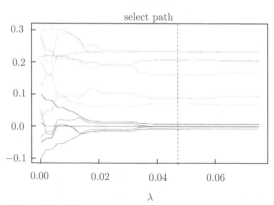

图 11　基于函数型偏最小二乘基函数进行 group 变量选择的结果

4.3 基于函数型主成分的函数型线性模型稳健变量选择方法

随着数据搜集技术的不断发展，搜集到的无关变量也越来越多。因此进行回归建模时，研究人员需要从大量变量中筛选出对因变量具有解释能力的自变量。在现有文献中，还较少讨论函数型线性模型的变量选择问题，而有关非正态情形下的函数型线性模型的参数估计研究也不多见。因此，系统研究函数型线性回归模型的稳健变量选择方法，具有重要的理论意义。Wang et al.（2011）曾对普通线性回归模型的稳健变量选择方法进行了研究，得到了很好的理论和实际应用结果。对于函数型线性回归模型的变量选择问题，基本上是在进行基函数展开后，在 group 变量选择方法（Yuan and Lin，2006）的基础上，通过添加惩罚函数进行选择。

黄乐乐等（2016）对基于函数型主成分的函数型线性模型稳健变量选择方法（robust variable selection based on functional principal component analysis in functional regression model）进行了研究。该方法首先考虑了含有多个函数型自变量和数值型因变量的情形。由于函数型自变量天然具有非参数的特点，需要通过选择合适的基函数进行展开，再进行后续处理。考虑到函数型主成分基函数具有保留尽可能多的方差信息并具有数据的自适应性（adaptive）等特征，该方法采用了函数型主成分基函数。同时，考虑到因变量中可能存在异常值对变量筛选和参数估计的结果造成影响，又进一步研究了稳健化的变量选择方法（functional LAD-Lasso，简称 FLL 方法)。在变量选择过程中，对调整参数进行选择时，考虑了 GACV（generalized asymptotic cross validation）、SIC（schwartz information criteria）、CPV-SIC(cumulative proportional variance-schwartz information criteria）三种准则，并在不同情形下比较了三种准则的效果（如图 12 所示）。在理论性质方面，研究了函数型自变量个数固定和随着样本容量变化情形下 FLL 方法在变量选择和参数估计中的大样本性质，得到了具有一般性的理论结果。此外，在利用函数型主成分基函数对函数型自变量展开后再进行 group 变量选择，可以有效地避免不同变量的观测频率不一致的问题。

在应用研究方面，该方法被用于研究 2011 年 1 月至 2014 年 6 月各个月份北京市大气环境因素对于北京市 21 家主要大医院门诊病人数量的影响。由于 PM2.5、PM10、NO_2 等环境变量的观测频率较高，因此适合采用函数数据的处理方法，先在基函数空间上进行投影后再进行变量选择和参数估计。FLL 方法有效减小了异常值对结果的影响，变量选择的结果表明 PM2.5 的影响作用显著，与本部分其它研究结论保持一致。

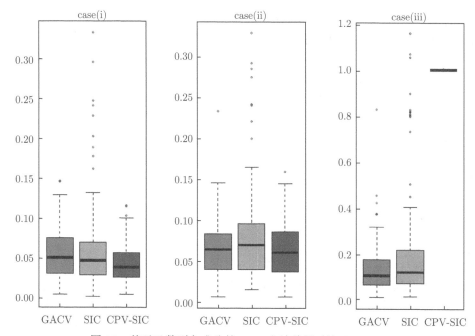

图 12　基于函数型主成分的 FLL 方法结果对比（RMSE）

4.4　含数值型和函数型协变量的回归模型

在已有文献中，对于多元函数型回归模型和含有多元数值型自变量回归模型的研究均有一些成果。例如 Yuan et al.（2014）在图像数据处理中研究了含多元函数型自变量的回归模型的参数估计问题。

考虑到在实际数据分析中，往往会存在函数型数据和普通数值型数据混合建模的情形，黄乐乐等（2015）进一步研究了同时含有数值型变量和函数型协变量的回归模型（functional regression model with functional and scalar predictors）。由于在该模型中引入了非线性交互作用项，因而进一步扩大了模型的适用性。在该模型中，重点考虑了数值型因变量的预测问题。类似于半参数模型的估计方法，基于 B 样条基函数将函数数据进行投影，并根据某些准则对样条的节点个数进行选择，然后进行估计。之后，再根据估计得到的系数向量以及选定的基函数对函数型系数进行重构。为降低异常观测值对估计结果的影响，损失函数分别考虑了一乘、二乘、T 型损失和 Huber 损失，在数值模拟部分对不同误差分布下不同估计的效果进行了比较。在理论性质方面，通过对节点个数关于样本容量的阶数加以限制，得到了估计量的收敛速度。对于函数型系数的估计量的渐近性质，论文也进行了相关研究。

作为应用研究，基于北京市 120 急救电话呼叫量数据与北京市 PM2.5、SO$_2$ 以及最大风速、日间最大湿度、日间最高最低气温等天气因素数据，采用函数数据分析的方法，研究了北京市 120 急救电话呼叫量与各环境因素以及天气因素的相关关系。研究表明，北京市 120 急救电话呼叫量总量与环境和气象因素的线性相关性并不明显，但不同类别的疾病急救电话呼救量与这些因素间的相关性差别较大，如心血管类等疾病的急救电话呼救量与某些环境和气象指标的一阶导数和二阶导数曲线具有较强的相关性。该研究成果可以为城市急救体系的建设和日常管理进行科学决策提供依据，并对急救车辆调度和医院人员的精细化配置具有一定的参考意义。

5. 结　　语

上文对北航复杂数据分析研究中心在符号数据、成分数据、函数数据的多元建模研究进展做了简要介绍。然而更加复杂的问题是，在互联网时代，在很多跨平台收集的数据分析问题中，经常存在多种异质性的属性变量。例如在电影网的数据分析过程中，会同时包括票房数据、影片特征信息、网上用户评分、网下观影团评分、院线与影评专家评价、网络点击热度、影评博文等诸多变量。如果在一张数据表中，同时出现普通数据、符号数据、成分数据或函数数据等多种类型，我们将其称为"混合数据表"。例如在电影票房预测研究中，票房和影片特征信息是普通的定量及定性数据，网上用户评分和网下观影团评分可以被整理成直方图数据（符号数据），影评博文可根据喜好程度的极性分类被统计为成分数据，而网络点击热度则可以用函数数据进行连续刻画。在这样的问题研究中，人们就需要对混合数据表进行分析，这对传统的统计建模理论提出了新的重大挑战。从现有的研究状况来看，这些不同类型数据的分析方法一直都在各自领域中独立发展，而且由于这些不同类型的数据所使用的代数体系截然不同，所以在现有的统计理论中，还不存在对它们进行混合处理的运算规则。如何在理论上解决普通实数域数据与符号数据、成分数据、函数数据的混合运算问题，将是复杂数据分析领域面临的一个巨大挑战。而对于该瓶颈问题的突破，将建立起一套高效处理海量、高维、混合数据表的理论方法体系，为大数据时代的新型数据分析理论发展解决一类关键问题，为经济管理领域中的数据分析提供更加先进有效的技术工具。

参考文献

[1] Aitchison, J. 1984. Reducing the dimensionality of compositional data sets. Journal of the International Association for Mathematical Geology, 16(6): 617–635.

[2] Aitchison, J. 1986. The Statistical Analysis of Compositional Data. London: Chapman & Hall.

[3] Aitchison, J. and Bacon-Shone, J. 1984. Log contrast model for experiments with mixtures. Biometrika, 71(2): 323–330.

[4] Aitchison, J. and Egozcue, J. J. 2005. Compositional data analysis: Where are we and where should we be heading?. Mathematical Geology, 37(7): 829–850.

[5] Aitchison, J. and Greenacre, M. 2002. Biplots of compositional data. Journal of the Royal Statistical Society: Series C (Applied Statistics), 51(4): 375–392.

[6] Billard, L. and Diday, E. 2000. Regression Analysis for Interval-Valued Data. Data Analysis, Classification, and Related Methods. Berlin Heidelberg: Springer.

[7] Billard, L. and Diday, E. 2003. From the statistics of data to the statistics of knowledge. Journal of the American Statistical Association, 98(462): 470–487.

[8] Cardot, H., Crambes, C. and Sarda, P. 2005. Quantile regression when the covariates are functions. Nonparametric Statistics, 17(7): 841–856.

[9] Cazes, P., Chouakria, A., Diday, E., Schektman, Y., Cazes, P. and Chouakria, A., et al. 1997. Extensions de l'analyse en composantesprincipales à des données de type intervalle. Revue De Statistique Appliquée, XIV(3): 5–24.

[10] Chen, M., Wang, H. and Qin, Z. 2015. Principal component analysis for probabilistic symbolic data: A more generic and accurate algorithm. Advances in Data Analysis and Classification, 9(1): 59–79.

[11] Delaigle, A. and Hall, P. 2012. Methodology and theory for partial least squares applied to functional data. The Annals of Statistics, 40(1): 322–352.

[12] Dias, S. and Brito, P. 2011. A new linear regression model for histogram-valued variables. 58th ISI World Statistics Congress. Dublin, Ireland.

[13] Diday E. 1988. The symbolic approach in clustering and related methods of data analysis, classification and related methods of data analysis. Proc. IFCS, Aachen, Germany. Amsterdam: North-Holland.

[14] Filzmoser P., Hron K., Reimann C., and Garrett R. 2009. Robust factor analysis for compositional data. Computers and Geosciences, 35(9): 1854–1861.

[15] Filzmoser P., Hron K. and Templ M. 2012. Discriminant analysis for compositional data and robust parameter estimation. Computational Statistics, 27(4): 585–604.

[16] Gioia F. and Lauro C. N. 2006. Principal component analysis on interval data. Computational Statistics, 21(2): 343–363.

[17] Günlük-Şnesen G. and Bates J. M. 1988. Some experiments with methods of adjusting unbalanced data matrices. Journal of the Royal Statistical Society, 151(3): 473–490.

[18] Hall P. and Horowitz J. L. 2007. Methodology and convergence rates for functional linear regression. The Annals of Statistics, 35(1): 70–91.

[19] He X., Zhu Z.Y. and Fung W.K. 2002. Estimation in a semiparametric model for longitudinal data with unspecified dependence structure. Biometrika, 89: 579–590.

[20] Huang L., Hu T. and Cui H. 2016. The T-type estimate of a class of partially nonlinear models. Communications in Statistics-Theory and Methods, 45(4): 976–999.

[21] Huang L., Wang H., Cui H. and Wang S. 2015. Sieve M-estimator for a semi-functional linear model. Science China Mathematics, 58(11): 2421–2434.

[22] Huang L., Wang H. and Zheng A. 2014. The M-estimator for functional linear regression model. Statistics and Probability Letters, 88: 165–173.

[23] Irpino A. and Verde R. 2015. Linear regression for numeric symbolic variables: a least squares approach based on Wasserstein distance. Advances in Data Analysis and Classification, 9(1): 81–106.

[24] Kato K. 2012. Estimation in functional linear quantile regression. The Annals of Statistics, 40(6): 3108–3136.

[25] Kuroda M. 1988. A method of estimation for the updating transaction matrix in the input-output relationships. Statistical Data Bank Systems. Socio-economic database and model building in Japan. Amsterdam: North Holland, 43–56.

[26] Lima Neto E. and Carvalho F. 2008. Centre and range method for fitting a linear regression model to symbolic interval data. Computational Statistics and Data Analysis, 52(3): 1500–1515.

[27] Lima Neto E. and Carvalho F. 2010. Constrained linear regression models for symbolic interval-valued variables. Computational Statistics and Data Analysis, 54(2): 333–347.

[28] Lenzen M, Moura M, Geschke A, Kanemoto K and Moran D. 2012. A cycling method for constructing input–output table time series from incomplete data. Economic Systems Research, 24(4): 413–432.

[29] Makosso Kallyth S. and Diday E. 2010. Analyse en Axes Principaux de Variables Symboliques de Type Histogrammes. Act. XLII Journées de Statistiques, Marseille, France, pp 1–6. http://hal.archives-ouvertes.fr/inria-00494681/.

[30] Palumbo F. and Lauro C. N. 2003. A PCA for interval-valued data based on midpoints and radii. New developments in psychometrics. Japan: Springer, 641–648.

[31] Preda C. and Saporta G. 2005. Clusterwise PLS regression on a stochastic process. Computational Statistics and Data Analysis, 49(1): 99–108.

[32] Ramsay J. O. and Silverman B.W. 1997. Functional Data Analysis. New York: Springer.

[33] Rodriguez O., Diday E. and Winsberg S. 2000. Generalization of the Principal Components Analysis to Histogram Data. Proceedings of the PKDD2000. Lyon: France.

[34] Sonis M. and Hewings G. J. D. 1992. Coefficient change in input-output models: Theory and application. Economic Systems Research, 4(2): 143–158.

[35] Stone R. 1961. Input-output and national accounts. Paris: Organisation for European Economic Co-operation.

[36] Verde R. and Irpino A. 2010. Ordinary least squares for histogram data based on Wasserstein distance. Proceedings of COMPSTAT'2010. Physica-Verlag HD. 581–588.

[37] Wang H., Chen M., Shi X. and Li N. 2014. Principal component analysis for normal-distribution-valued symbolic data. IEEE Transactions on Cybernetics, 46(2): 356–365.

[38] Wang H. and Huang L. 2014. Functional linear regression analysis based on partial least squares and its application. International Conference on Partial Least Squares and Related Methods, Paris.

[39] Wang H., Guan R. and Wu J. 2012. Cipca: complete-information-based principal component analysis for interval-valued data. Neurocomputing, 86(4): 158–169.

[40] Wang H., Guan R. and Wu J. 2012. Linear regression of interval-valued data based on complete information in hypercubes. Journal of Systems Science and Systems Engineering, 21(4): 422–442.

[41] Wang H., Li G. and Jiang G. 2007. Robust regression shrinkage and consistent variable selection through the LAD-Lasso. Journal of Business and Economic Statistics, 25(3): 347–355.

[42] Wang H., Shangguan L., Guan R. and Billard L. 2015. Principal component analysis for compositional data vectors. Computational Statistics, 30(4): 1079–1096.

[43] Wang H., Shangguan L., Wu J. and Guan R. 2013. Multiple linear regression modeling for compositional data. Neurocomputing, 122: 490–500.

[44] Wang H., Wang C., Zheng H., Feng H., Guan R. and Long W. 2015. Updating Input–Output Tables with Benchmark Table Series. Economic Systems Research, 27(3): 287–305.

[45] Yuan M. and Lin Y. 2006. Model selection and estimation in regression with grouped variables. Journal of the Royal Statistical Society: Series B (Statistical Methodology), 68(1): 49–67.

[46] Yuan Y., Zhu H., Lin W. and Marron J. S. 2012. Local polynomial regression for symmetric positive definite matrices. Journal of the Royal Statistical Society: Series B (Statistical Methodology), 74(4): 697–719.

[47] Yuan Y., Gilmore J., Geng X., Pmartin S., Chen K., Liwang J. and Zhu H. 2014. FMEM: functional mixed effects modeling for the analysis of longitudinal white matter tract data. NeuroImage, 753–764.

　　郭雷，1961年生于山东，1982年毕业于山东大学数学系，1987年在中科院系统科学所获博士学位，1987-1989年在澳大利亚国立大学做博士后，1992年被中科院特批为研究员。现任中科院特聘研究员、中科院学术委员会副主任、中科院国家数学与交叉科学中心主任、中国大百科全书《系统科学》卷主编等。曾任中科院数学与系统科学研究院院长、中国工业与应用数学学会理事长等。

　　长期从事系统与控制科学研究。解决了自校正调节器收敛性等著名理论难题，建立了几类典型自适应滤波算法的数学理论，并在反馈机制最大能力、大群体系统同步性、博弈控制系统和PID控制理论等方面取得一系列原创性重要成果。1994年获首届国家杰出青年科学基金，1995年获中科院自然科学奖一等奖，1998年当选美国电子与电气工程师协会会士（IEEE Fellow），2001年当选中国科学院院士，随后当选为发展中国家科学院（TWAS）院士、瑞典皇家工程科学院外籍院士、国际自动控制联合会会士（IFAC Fellow）等，并被瑞典皇家理工学院（KTH）授予荣誉博士学位。曾先后两次应邀在国际自动控制联合会世界大会上作大会报告、并曾在国际数学家大会上作邀请报告。

郭 雷

系统学是什么

系统学是什么[①]

郭　雷[②]

系统是自然界和人类社会中一切事物存在的基本方式, 各式各样的系统组成了我们所在的世界。一个系统是由相互关联和相互作用的多个元素 (或子系统) 所组成的具有特定功能的有机整体, 这个系统又可作为子系统成为更大系统的组成部分。现代科学在从基本粒子到宇宙的不同时空尺度上研究各类具体系统的结构与功能关系, 逐渐形成了自然科学与社会科学的各门具体科学。系统科学的研究对象是 "系统" 自身, 其目的是探索各类系统的结构、环境与功能的普适关系以及演化与调控的一般规律。

我国系统科学的主要开创者和推动者钱学森曾提出系统科学体系的层次划分 (系统论、系统学、系统技术科学、系统工程技术), 并认为系统论是系统科学的哲学层次, 而系统学 (systematology) 是系统科学的基础理论[1]。由此可见, 系统学应是科学中的科学, 基础中的基础。尽管如此, 系统学目前似乎未被广泛认识, 其自身也存在需要进一步探讨和明确的问题, 这促使笔者思考并尝试在此给出阶段性认识。

1. 系统学的内涵

首先, 系统学是一门什么性质的科学? 传统的学科分类, 通常是以现实世界中的具体研究对象为划分依据, 而系统学则试图探索各类系统的普适规律。因此, 严格说来, 它不在以还原论思维为主导的学科分类视野中。这一点类似数学 (主要研究量的关系与空间形式), 两者都是横断科学, 但这两门科学的侧重点各不相同。钱学森把系统科学与数学科学、自然科学、社会科学、思维科学等并列为科学技术门类之一[1], 是颇有洞见性的。

其次, 系统学的内涵是什么? 它的内涵体现在系统科学的定义之中, 关键是各类不同系统是否存在普适性共同规律。答案是肯定的。从中国古代 "阴阳学说"、"中庸之道"、"天人合一"、"和而不同" 与 "奇正之术" 等丰富的系统思想 (《易经》《道

① 本文原载于《系统科学与数学》2016 年第 3 期.
② 中国科学院数学与系统科学研究院.

德经》《论语》《中庸》《黄帝内经》《孙子兵法》等),到唯物辩证法的基本原则、基本范畴,特别是以 "对立统一" 为首的三大基本规律 (对立统一规律、质量互变规律、否定之否定规律)[2],再到当今不断发展的系统理论与系统方法 [3-7],都是明证。系统学既受系统论指导,又在发展中不断丰富系统论内涵,它重视系统科学普适性规律的深入研究和定量表达。我们所说的系统论固然不是还原论,但也不是整体论,正如钱学森所言,系统论是还原论与整体论的辩证统一 [1]。正是这种统一使系统论超越还原论成为可能。但究竟如何统一? 笔者认为,至少可以从三方面的结合来考虑: 一是整体指导下的还原与还原基础上的综合相结合 (或 "自上而下" 与 "自下而上" 方法相结合); 二是机理分析与功能模拟相结合; 三是系统认知与系统调控相结合。毫无疑问,还原论是推动人类文明进步的基石 (如社会分工、学科分化、结构分层、情况分类等),也是促使系统论产生和发展的基础。

系统学中最简单和基本的原理是系统的结构与环境共同决定系统的功能。当然,系统功能反过来也会影响其结构和环境,他们往往是相互影响的双向关系。系统环境包括自然环境与社会环境,系统结构包括物理结构与信息结构,不同时空尺度和层次结构一般对应不同模式和功能。系统功能一般不能还原为其不同组分自身功能的简单相加,故称之为 "涌现 (emergence)",它一般是在时间与空间中演化的。进一步,在给定环境条件下,系统的结构可以唯一决定功能,但反之一般不然。这一基本事实,既造成了根据系统功能来认知其内部 (黑箱或灰箱) 结构的困难性,也提供了可以选用不同模型结构来表达、模拟或调控系统相同功能的灵活性,这是一种与结构分析法互补的功能建模法。

一般来讲,为了理解系统行为,可通过深化内部结构认知,也可利用外部观测信息,或两者并用; 为了提高系统功能,可增强组分的个体功能,也可优化组分的相互关联,或两者并施。特别地,优化组分的相互关联意味着对系统结构进行调整或调控,以使系统达到所期望的整体功能或目的。这往往通过动态调整系统的可控变量或要素,使其自身或其关联 "平衡" 在一定范围内达到。显而易见,任何调控策略都依赖系统状态、功能和环境,这就需要研究系统的信息、认知、调控与不确定性因素处理等问题。

基于以上分析,笔者认为,系统学应该包括下述 "五论" 的主要内容:

一是系统方法论 系统学中不同性质的问题所适用的方法论也不同,方法论指导具体研究方法的选用。例如,演绎与归纳、还原与综合、局部与整体、定性与定量、机理与唯象、结构与功能、确定与随机、先验与后验、激励与抑制、理论与应用等相互结合或互补的方法论等,重点是能够超越还原论的方法论;

二是系统演化论 研究在给定环境或宏观约束下,系统层级结构与相应功能在时间和空间中的涌现与演化。特别地,研究系统状态 (或性质) 在时空中生灭、平衡、稳定、运动、传递、相变、转化、适应、进化、分化与组合、自组织与选择性随机演化等规律,包括各种自组织理论、稳定性与鲁棒性理论、动力系统理论、混沌理论、突变理论、多 (自主) 体系统、复杂网络、复杂适应系统等;

三是系统认知论 研究系统机理或属性的感知、表征、观测、分类、通信、建模、估计、学习、识别、推理、检测、模拟、预测、判断等智能行为的理论与方法,包括认知科学、建模理论、估计理论、学习理论、通信理论、信息处理、滤波与预测理论、模式识别、自动推理、数据科学与不确定性处理等;

四是系统调控论 研究系统要素的 (动态) 平衡性与系统结构和功能关系的普适性规律,以及系统的结构调整、机制设计、运筹优化、适应协同、反馈调控、合作与博弈等,包括优化理论、控制理论与博弈理论等;

五是系统实践论 这是系统学应用于各门具体学科和领域时的相应理论。由于人类任何具体实践活动都属于系统问题,因而离不开系统实践论指导。

需要指出的是,上述 "五论" 内容是密切关联并相互影响的,只是侧重点不同。

2. 复杂性的挑战

众所周知,中国传统文化中有丰富而又深刻的系统思想,但是与现代科学一样,系统科学并没有诞生在中国。爱因斯坦曾指出,"西方科学的发展是以两个伟大的成就为基础的,那就是: 希腊哲学家发明形式逻辑体系 (在欧几里得几何学中),以及 (在文艺复兴时期) 发现通过系统的实验可能找出因果关系"[8]。正是在基于公理的形式逻辑体系和有目的的系统实验基础上,现代科学在还原论思维和追求复杂现象背后的简单规律范式主导下,经过几百年发展取得了辉煌成就,推动了人类文明进程。然而,客观世界在本质上是统一的,描述世界的科学亦应如此。正如著名物理学家普朗克所指出的 "科学是内在的整体,它被分解为单独的部门不是取决于事物的本质,而是取决于人类认识能力的局限性。实际上存在着由物理学到化学、通过生物学和人类学到社会科学的连续的链条,这是一个任何一处都不能被打断的链条"[5]。

那么,现代科学知识究竟是如何被获取的? 具体科学结论所适用范围的边界又是如何处理的? 历史上,关于科学发现的逻辑及其局限性曾被许多著名哲学家和科学家研究过,包括休谟、康德、彭加勒和波普尔等 [9-12]。在此,我们回到爱因斯坦提到的西方科学成就的两大基础: 逻辑推理和系统实验。事实上,逻辑推理是在 "不证自明" 的公理假设基础上进行的,而具体数学结论又是在进一步的数学假设条件下推导出来的; 人们所进行的有限次 (有目的) 的系统性实验也往往是在理想环境或给定条件下进行的。这体现了人类理性的认识能力和局限: 如果没有具体的假设条件, 则很难保证科学结论的普适性和正确性; 但如果做了假设和限制条件, 则结论就有了边界从而局部化了。

更令人意想不到的是, 进入 20 世纪后, 现代科学体系这个复杂适应系统却引出了一系列强烈冲击其主导范式 (还原论、确定性与主客体分离) 的结论 [13]。例如, 量子力学中的海森堡测不准原理和量子纠缠神奇的超距作用等, 揭示了微观世界的自然规律既无法脱离主体影响也无法通过进一步还原给出确定性答案 [14], 数理逻辑中的哥德尔不完备性定理揭示了人类理性推理所依赖的逻辑公理体系存在不确定性 [15], 而混沌理论则揭示了宏观世界中哪怕简单的非线性确定性动力系统也会产生不可预测的复杂行为 [16]。这说明, 现实世界不再被几百年来主导西方科学的 "简单性范式" 所统治 [13]。

进一步, 虽然现代科学发展成就辉煌, 但无论是已经还原到夸克层次的粒子物理学, 还是已经还原到基因层次的分子生物学, 对认识或调控宏观层面复杂多样的物质世界和丰富多彩的生命现象, 包括大脑意识和重大疾病等, 仍难以给出科学解答 [17]。当然, 可能有人会反问: 既然目前科学知识存在还原论所带来的局限性, 为什么基于科学知识的工程技术在改造现实世界中能够取得如此巨大的成功? 笔者认为, 这并非完全是科学知识自身的功劳, 工程技术常常超前甚至引领科学发展 [18]。实际上, 工程技术自身的创新和应用, 除了科学知识成分外, 更依赖人的实践经验和创造性智慧将不同技术环节有效连接起来并克服 "放大效应" 等, 最终集成为工程系统所需的整体功能 (从科学上讲人的智慧目前还远未被完全认识)。再者, 从含有经验成分的工程技术到实际推广应用, 往往还要通过多次试验 (或仿真) 验证, 但无论如何, 都无法穷尽实际中可能出现的复杂情况和真实环境中的不确定性, 尽管系统中的反馈回路可以部分消除不确定性的影响。

此外, 如何判断非线性关联系统的稳定性一般是困难的理论问题, 除非能验证 "小增益定理" [19] 或其它稳定性定理的条件。有例子说明, 哪怕是两个都稳定的线性子系统, 如果连接不当, 则关联系统也会变得不稳定 [20]; 哪怕是小的扰动或偏差, 如果负反馈机制失效, 系统也可能在正反馈机制推动下走向崩溃。进一步, 依靠深度分解与综合集成并在试验和实践中不断演化的人造复杂系统, 如互联网、电力系统、交通网络、金融系统、软件系统等, 正在变得如此复杂以致超出人类现有知识的理解程度, 例如, 仅一架波音 777 客机就有超过 300 万个部件和 15 万个子系统 [21]。有人甚至预测, 人造复杂系统 (或人机融合系统) 将会有自治力、适应力和创造力, 并将摆脱我们的控制 [22]。因此, 如何真正保证人造复杂系统的安全可靠性, 也是科学技术面临的重大挑战之一。

正是在上述大背景下, 以 "超越还原论" 为旗帜的复杂性科学研究在全世界受到空前重视 [1,3,4,13,23,24], 这可以看作系统学发展的新阶段。笔者认为, 中国传统文化思维与西方近现代文化思维优势的恰当结合, 对系统方法论发展具有重要意义, 并且复杂性科学有望成为连接自然科学与社会科学的重要桥梁。

3. 复杂性与平衡性

一个自然的问题是, 复杂性科学的核心内涵是什么? 笔者认为, 是关于复杂系统微观关联与宏观功能之间时空演化、预测与调控规律的认识。毫无疑问, 复杂性科学是研究系统复杂性的学问, 但是迄今对复杂性尚没有统一的具体定义, 或许是因为 "名可名, 非常名"。美国科学家司马贺 (Simon H A) 认为, 复杂性研究宜将具有强烈特征的特定种类的复杂系统作为关注重点 [25]。笔者认为, 复杂性宜借助一个能够 "连接" 微观关联与宏观功能的基本概念来定义。在系统学众多基本概念中, 哪个概念最合适? 笔者认为, 平衡 (balance) 概念可担当此任。平衡意味着数量 (质量) 均等或空间 (属性或操作) 对称等, 它是大自然中 "最小能量原理"、"最小作用量原理"、"守恒原理" 和 "对称性" 法则 [26,27] 的客观反映。在汉语和英语中, "平衡" 既是形容词也是动词, 因而其内涵具有较强的包容性。此外, 为简单起见, 本文中平衡的含义也包括动态平衡。

系统中成对 (对立、独立或互补) 要素之间 (张力) 的平衡是其秩序之本, 而非平衡则是运动变化之源。诚然, 系统的平衡或非平衡并不是绝对的, 取决于系统的不同时空尺度和研究范围, 并且系统在不同层级上的平衡性质亦不相同。进一步, 即使对运动或变化现象甚至创新行为, 也往往可溯源为某种平衡需求; 而对非平衡系统, 其演化方向也往往是新的平衡或动态平衡。此外, 系统成对要素的平衡 (非平衡) 程度直接影响或决定着系统的对称、守恒、秩序、稳定、涌现、突变、生灭、演化、进化、反馈、适应、调控、博弈、竞争、合作、公正等基本性质。可以说, 平衡涉及认识世界与改造世界的几乎一切问题, 包括人自身的生理与心理问题 [28]。因此, 平衡概念具有本质性、基础性和普适性。

那么, 如何定义复杂性? 基于上面的分析, 复杂性可以针对系统中要素 (属性) 的平衡性与系统整体 (结构) 功能之间的关系来定义。注意在这里的要素平衡性亦包含要素之间相互作用关系的平衡性, 并且平衡性是与系统功能联系在一起考虑的。笔者认为, 复杂性的进一步定义宜根据人的目的性进行分类。下面讨论三类常见情形:

第一, 当我们希望预测系统状态演化时, 系统要素的平衡程度往往是预测的重要依据, 复杂性可定义为系统状态或行为的不可预测性。预测是决策的基础, 尽管我们一般希望提高对系统的预测精度或预测概率, 但这除了可能会受人为因素影响外, 许多复杂系统还具有样本轨道不可预测的本质属性[29]。例如, 真正独立创新的过程既不是完全规划或 "路径依赖" 的, 也不是完全盲目或随机的; 许多复杂适应系统 (和智能寻优算法), 在一定意义下, 可以看作由不可预测的 "新息 (innovation)" 所驱动的 "马氏过程", 或是自组织演化与选择性随机的某种结合; 有的复杂系统可能高效运行在稳定性边缘或处于 "自组织临界"[30] 状态。

第二, 当我们希望保持系统功能时, 注意到系统的稳态功能一般需要系统成对 (多对) 要素的制约或互补来保障, 复杂性可定义为系统的功能关于系统要素平衡程度的灵敏性 (脆弱性或非鲁棒性)。系统功能的保持, 往往依赖其组织适应能力能否抵消各种退化性或熵增因素影响, 例如 "环境变化"、"耗散结构" 或 "边际效应" 等; 此外, 系统功能的保持常常是在系统 "否定之否定" 的进化中实现的。进一步, 系统功能或目标还可能是异质多样与多层次的, 底层功能一般是高层功能的基础 (如马斯洛的层次理论)。

第三, 当我们希望改变系统功能时, 现有要素的平衡性需要暂时被打破, 复杂性可定义为通过调整系统要素的平衡性而实现系统新功能的困难性。在这种情形下, 从控制系统理论角度看, 复杂性与系统的能控性或能达性密切相关, 当系统具有不确定性时还可能涉及反馈机制最大能力问题[31]。当然, 现代控制理论的框架或范式尚需拓广以适用于更为复杂的系统或新的调控模式[32,33]。

如上定义的复杂性有何特色? 首先, 笔者认为, 在系统学里的复杂性不应脱离系统的功能这一重要属性来定义。上述给出的复杂性定义显然与系统功能 (或目的) 密切关联, 这是本文所定义的复杂性与其它复杂性定义 (如计算复杂性、描述复杂性、有效复杂性、通讯复杂性等[7,23,34]) 的显著不同。其次, 复杂性主要研究系统成对要素的平衡性与宏观功能的关系, 平衡度的不同将会导致系统宏观功能的不同, 或导致系统 "稳态 (homeostasis)" 演化, 以及系统旧稳态的打破与新稳态的 "涌现" 等。因此, 这里的复杂性定义还体现了系统学微观与宏观之间的辩证统一和相互影响的特性, 从而为避免还原论局限留了空间。

值得指出, 系统要素的平衡性必然会涉及成对存在的范畴或概念, 如微观与宏观、当前与长远、局部与整体、上层与下层、系统与环境、快变与慢变、量变与质变、秩序与混乱、确定与随机、稳定与发展、开放与保守、原则与妥协、保密与公开、保护与利用、供给与需求、计划与市场、自由与约束、分散与统一、多样与一致、还原与综合、民主与集中、内容与形式、本质与现象、物质与精神、实在与虚在、主体与客体、感性与理性、实践与认识、私利与公益、权力与责任、权利与义务、激励与抑制、竞争与合作、前馈与反馈、正馈与负馈等所包含的成对要素与性质。特别地，系统中成对 (或多对) 要素的平衡涉及广泛的学科领域，包括政治、经济、社会、文化、法律、科学、工程、生态、环境与管理等，常常是这些领域复杂性问题的核心。

一个自然的问题是，系统要素的平衡是如何实现的？这是复杂性研究的一个关键问题，但具体实现途径往往因系统性质和类型的不同而异。举例来讲，平衡或是在给定环境条件约束下通过系统要素之间的竞争达到 (竞争平衡或从竞争到合作平衡)，或是在整体目标引导调控、或外部环境影响下系统要素之间适应调整、协同优化或互补共存的结果 (适应平衡、协同平衡或互补平衡)，或是由系统外部因素的调控作用与系统内部要素的竞争行为所共同决定 (调控竞争平衡或纵横双向平衡)，或是正反馈激励与负反馈抑制共同作用的结果 (正负反馈平衡)，或是这些情形的某种组合或混合等。

笔者认为，这里的 "要素平衡" 不但体现了 "阴阳平衡" 与 "对立统一" 的辩证思想，而且适用于 "开放系统" 和 "定性分析"。进一步，"要素平衡" 与针对非合作博弈的纳什均衡[35]、研究竞争中协调原理的 "介科学"[36]、具有对立互补性的 "两重性逻辑"[13]，乃至基于中国传统文化的 "度"[37,38] 等，都有相通之处。一般来讲，要素的平衡性和系统的稳定性都需要反馈 (适应) 机制来保障。此外，"要素平衡" 往往是建立适当数学模型 (或数学方程) 而开展定量研究的必要基础，这一研究所涉及的基本数学工具至少包括群论、图论、优化理论、博弈论、变分学、动力系统、数理统计与控制理论等。

4. 系统学的发展基础

一是过去几百年间，各门科学针对客观世界不同时空尺度范围的具体对象进行了大量关于结构与功能关系的研究，用各自学科的基本概念和专门术语积累了丰富知识，使得不同系统之间可以相互借鉴甚至从中提取共性系统学规律[39-41]。实际上，一般系统论[42]、协同学[43]、耗散结构论[44]、突变理论[45]，超循环论[46]、混沌理论[16]、控制论[47,48]、复杂适应系统[49,50]、复杂巨系统的综合集成方法[51,52] 等系统学内容就是这样发展过来的。

二是系统论、控制论、信息论、博弈论、计算机、运筹学、统计物理、非线性科学、复杂网络、人工智能、数据处理与科学计算等相关学科的多年发展，也为系统科学发展提供了工具，奠定了良好的基础。特别是形成了关于系统科学的若干相关分支, 以及关于系统稳定性、鲁棒性、适应性、演化、熵增、耗散、信息、建模、反馈、优化、学习、预测、调控、博弈与均衡等一批普适性基本概念、方法和结论[32,33], 这是系统学未来发展的重要基石。

三是随着当今科学技术的深入发展, 复杂性科学的跨学科研究给科学带来的不仅是思维方式的变革[1,4,13]。事实上, 当今科学技术的发展前沿已经在时空多尺度多层次上, 广泛进入研究复杂性与调控复杂系统的时代[40,41,53]。例如, 微观世界调控、量子信息科学、可控自组装[54]、多相反应过程、纳米与超材料、基因调控网络、合成生物学、脑与认识科学、智能网络、智能制造与智能机器人、信息物理系统 (CPS)、全球化经济、生态与气侯变化等, 无一不涉及复杂系统研究, 甚至还诞生了众多以 "系统" 为关键词的新学科, 诸如 "系统生物学"、"地球系统科学"、"系统法学"[55] 等。这些交叉研究领城都需要系统学普适性理论的帮助, 因而成为系统学发展的重要驱动力。

5. 系统学的作用

因为系统是任何事物存在的基本方式, 系统学的实践涉及人类活动的一切方面: 除了上面提到的要面对科学技术中的复杂性挑战之外, 还与人生成长、事业发展、生存安全和社会进步等密切相关。因此, 系统学亦道亦器、亦体亦用, 堪称大用。在生活和工作中, 因为忽视系统方法论, 我们可能不自觉地陷入 "孤立、排他、僵化、片面、表面、单向、线性、非此即彼" 等思维局限, 很可能进入 "盲人摸象、主观武断、刻舟求剑、温水青蛙" 式的误区, 或导致 "顾此失彼、事与愿违、恶性循环、两败俱伤" 的局面。从历史上看, 人类因不了解或不掌握复杂系统演化与调控规律而遭受过太多挫折甚至灾难, 包括自然灾害、战争灾难、流行疾病、社会动荡、政治冲突、金融危机、安全事故、生态恶化、环境污染等。这些问题至今也在严重困扰着人类社会的文明发展。

另一方面, 伴随着几千年世界文明发展, 人类对社会复杂系统演化与调控规律的探索与实践一刻也没有停止。历史证明, 系统学规律和原理的发现与自觉或不自觉运用, 对人类文明进步起着巨大作用。下面举几个具体例子。

首先, 系统学对人类健康具有重要意义。举例来说, 以功能结构模型为基础的传统中医理论体系, 包括精气学说、阴阳五行、藏象学说、经络学说、体质学说、病因病机、辨证施治、三因制宜等, 所蕴含的整体思维、辩证思维、唯象思维与功能建模等方法, 具有朴素的系统演化论、认知论和调控论思想, 其中 "阴阳平衡" 是理解生理功能、阐释病理变化和指导疾病诊治的核心原则[56-58]。毋庸置疑, 中医药为几千年来中华民族的生命延续与抗击疾病做出了不可磨灭的贡献, 其朴素的系统方法论避免了还原论局限, 但其研究需要实现现代化, 而在这一过程中, 系统学可望发挥重要作用 [1,57,59]。

其次, 人的性格特征中 "要素平衡" 对创新能力具有重要意义。美国心理学家契克森米哈赖 (Csikszentmihalyi M.) 曾经归纳出创新型人物的主要性格特征, 表述为如下 "十项复合体" [60]: 活力与沉静; 聪明与天真; 责任与自在; 幻想与现实; 内向与外向; 谦卑与自豪; 阳刚与阴柔; 叛逆与传统; 热情与客观; 痛苦与享受。他认为, 以上这些明显相对的特质通常同时呈现在创造型人物身上, 而且以辩证的张力相互整合; 具有上述复合性格的人, 有能力表现出人性中所有潜在的特质, 而如果只偏向某一端, 则这些特质就萎缩了。显然, 这对高层次创新型人才培养具有启发意义。当然, 真正取得创新性成就, 还需要其它因素配合, 包括学术环境、知识积累、时代机遇, 同行承认、后人继承和普及推广等, 这也是系统性问题。

再者, 系统学中 "反馈平衡" 原理在生产力发展中具有普遍重要性。 1776 年, 英国詹姆斯·瓦特 (James Watt, 1736—1819) 制造出第一台可以普遍应用的蒸汽机, 其核心技术是具有负反馈机制的 "离心式调速器", 它可以自动调节阀门以平衡负载变化对速度的影响, 成为英国工业革命的象征, 当今几乎所有工程技术系统都离不开反馈技术。无独有偶, 同样是在 1776 年的英国, 亚当·斯密 (Adam Smith 1723—1790) 首次发表了《国家财富的性质和原因的研究》(简称《国富论》)[61], 书中所论述的那只在暗中推动市场经济行为的 "看不见的手", 其工作原理也是 (分布式) 负反馈机制, 它通过价格波动自动调节市场上商品的种类与数量以达到供需平衡, 这一原理至今仍在深刻影响着全世界经济发展。不仅如此, "反馈平衡" 作为有效克服不确定性并实现系统目标的关键机制, 实际上在动物 (包括人) 和机器中几乎无处不在 [47], 反馈控制也被认为是第一个系统学科 [48]。

下面, 我们来看系统方法论在社会复杂系统发展中的重要作用。

19 世纪, 马克思和恩格斯在黑格尔和费尔巴哈等西方传统哲学基础上创立了唯物辩证法, 他们在社会和自然系统研究中大量运用了系统思想和方法, 揭示了生产力与生产关系的矛盾运动是人类社会发展的基本规律。特别地, 马克思的《资本论》[62] 研究了资本主义体系内在逻辑矛盾和发展规律, 恩格斯的《自然辩证法》[63] 为系统论发展奠定了基础。可以说, 马克思和恩格斯都是系统科学的先驱 [2]。近百年来, 在马克思主义理论指导和共产党领导下, 中国发生了翻天覆地的变化, 尤其是改革开放 36 年来创造了震惊世界的发展奇迹。中国为什么能够如此? 有什么宝贵经验? 这是国内外许多人关注的重大问题。实际上, 无论是 "改革开放" 基本国策, 还是 "四个全面" 战略布局, 都是关于中国社会复杂系统的结构、环境与功能的调控。根据系统学结构与环境决定系统功能的基本原理, 对于不同社会结构和不同社会环境, 实现社会不同发展阶段功能的调控手段和路径也不会完全一致。我国领导人曾将发展经验概括为坚持 "十个结合" [64], 其中涉及原理与适应、坚守与改革、活力与统一、物质与精神、效率与公平、系统与环境、发展与稳定等多对要素的协调平衡。

我国当前进行的全面深化改革, 也是 "复杂的系统工程" [65]。特别地, 经济、政治、文化、社会和生态这五大子系统 "五位一体" 的总体发展布局, 就是关于 "系统中的系统" 协调与平衡调控问题。这五大子系统相互耦合、相互作用、具有多层级结构和复杂因果循环反馈回路, 如果他们长期处于非平衡畸形发展状态或其中的组织调控功能出现异化, 则必然导致严重问题 [1,66,67]。进一步, 这五大子系统中几乎所有改革问题也都涉及系统学问题。比如, 改革发展与稳定的有机统一涉及平衡与非平衡关系问题; 市场配置资源与政府发挥作用的关系涉及分布式适应优化与集中式反馈调控问题; 效率与公平问题涉及微观与宏观层面正反馈与负反馈机制的平衡。又比如, 推动人民代表大会制度与时俱进涉及政治体系的包容性、适应性与平衡性问题, 既要吸收和借鉴人类政治文明有益成果, 又要避免其它国家政治制度的缺陷 [68−71]; 既要通过法律这个 "控制器" 调整平衡各种利益关系 [72−74], 又要加强对权力运行的制约和监督并把其关进制度的笼子里 [65,75]。再比如, 生态文明建设是其它四个系统建设的基础, 而生态系统的平衡 [76] 及其动力学演化 [77], 也是系统学研究问题。

最后, 值得提及的是, 我国各级领导常把国家与社会治理中的困难问题归纳为 "复杂的系统工程", 说明需要从系统的角度来思考并解决。这不能不使人想起钱学森等老一辈科学家在全国大力推动并普及系统工程与系统科学所产生的广泛影响 [78], 以及他在晚年为创建系统学所付出的巨大努力 [1,51,52]。

致谢　笔者诚挚感谢于景元教授关于系统学体系的宝贵建议, 李静海院士关于介科学的交流讨论, 以及车宏安、狄增如、韩靖、程代展、高小山、张纪峰、王红卫、杨晓光、洪奕光、姜钟平、张启明、黄一、方海涛、齐波、丁松园等教授和学者的许多有益建议和热情鼓励。

参考文献

[1] 钱学森. 创建系统学. 上海: 上海交通大学出版社, 2007.

[2] 王伟光. 照辩证法办事. 北京: 人民出版社, 2014.

[3] 尼科利斯 G, 普利高津 I. 罗久里, 陈奎宁, 译. 探索复杂性. 成都: 四川教育出版社, 1986.

[4] 沃尔德罗普 M. 陈玲, 译. 复杂 —— 诞生于秩序与混沌边缘的科学. 北京: 三联书店, 1995.

[5] 许国志, 顾基发, 车宏安等. 系统科学. 上海: 上海科技教育出版社, 2000.

[6] 高隆昌. 系统学原理. 北京: 科学出版社, 2005.

[7] 米歇尔 M. 唐璐, 译. 复杂. 长沙: 湖南科学技术出版社, 2011.

[8] 爱因斯坦文集. 徐良英等, 编译. 商务印书馆, 1994, 第一卷, 第 574 页.

[9] 休谟 D. 人性论 (一、二). 北京: 商务印书馆, 1980.

[10] 康德 E. 韦卓民, 译. 纯粹理性批判. 武汉: 华中师范大学出版社, 2000.

[11] 彭加勒 H. 李醒民, 译. 科学与假说. 北京: 商务印书馆, 2006.

[12] 波普尔 K. 查汝强等, 译. 科学发现的逻辑. 北京: 中国美术学院出版社, 2010.

[13] 莫兰 E. 陈一壮, 译. 复杂性思想导论. 上海: 华东师范大学出版社, 2008.

[14] 海森堡 W. 范岱年, 译. 物理学和哲学. 北京: 商务印书馆, 1999.

[15] 克莱因 M. 李宏魁, 译. 数学: 确定性的丧失. 长沙: 湖南科学技术出版社, 1997.

[16] Lorenz E N. The Essence of Chaos. Washington: University of Washington Press, 1993.

[17] 罗思曼 S. 李创同, 王策, 译. 还原论的局限: 来自活细胞的训诫. 上海世纪出版集团, 2006.

[18] 阿瑟 W. 曹东溟, 王健, 译. 技术的本质. 杭州: 浙江人民出版社, 2014.

[19] Jiang Z P, Teel A R, Praly L. Small gain theorem for ISS systems and applications. Mathematics of Control, Signals and Systems, 1994, 7: 95–120.

[20] 郭雷. 时变随机系统: 稳定性、估计与控制. 长春: 吉林科学技术出版社, 1993.

[21] Astrom K J, et al. eds. Control of Complex Systems. New York: Springer, 2001.

[22] 凯利 K. 东西文库, 译. 失控: 全人类的最终命运和结局. 北京: 新星出版社, 2010.

[23] 盖尔曼 M. 杨建邺等, 译. 夸克与美洲豹: 简单性和复杂性的奇遇. 长沙: 湖南科学技术出版社, 1998.

[24] 宋崟. 还原论和系统论. 系统与控制纵横, 2015, 2(1): 65–69.

[25] 司马贺 H A. 武夷山, 译. 人工科学: 复杂性面面观. 上海: 上海科技教育出版社, 2004.

[26] 李政道. 对称与不对称. 北京: 清华大学出版社, 2000.

[27] Mainzer K. Symmetry and Complexity: The Spirit and Beauty of Nonlinear Science. Beijing: World Scientific Publishing Co. Pte. Ltd, 2005.

[28] Heider F. The Psychology of Interpersonal Relations. Lawrence Erlbaum Associates, 1958.

[29] 西尔弗 N. 胡晓姣等, 译. 信号与噪声. 北京: 中信出版社, 2013.

[30] 巴克 P. 李炜, 蔡勖, 译. 大自然如何工作: 有关自组织临界性的科学. 北京: 华中师范大学出版社, 2001.

[31] 郭雷. How much uncertainty can the feedback mechanism deal with?. Plenary Lecture at the 19th IFAC World Congress, August 24–29, 2014, Cape Town, South Africa.

[32] Samad T, Baillieul J. Eds. Encyclopedia of Systems and Control. New York: Springer, 2015.

[33] 郭雷, 程代展, 冯德兴等. 控制理论导论: 从基本概念到研究前沿. 北京: 科学出版社, 2005.

[34] Wegener I. Complexity Theory. New York: Springer, 2005.

[35] 齐格弗里德 T. 洪雷, 陈玮, 彭工, 译. 纳什均衡与博弈论. 北京: 化学工业出版社, 2013.

[36] 李静海, 黄文来. 探索介科学. 北京: 科学出版社, 2014.

[37] 李泽厚. 哲学纲要. 北京: 北京大学出版社, 2011.

[38] 度学. 度知. 北京: 经济科学出版社, 2007.

[39] 欧阳莹之. 田宝国等, 译. 复杂系统理论基础. 上海: 上海科技教育出版社, 2002.

[40] Meyers R A. Ed. Encyclopedia of Complexity and Systems Science. New York: Springer, 2009.

[41] 李静海. Mesoscales: The path to transdisciplinarity. Chemical Engineering Journal, 2015, 277: 112–115.

[42] 贝塔朗菲冯. 林康义, 魏宏森, 译. 一般系统论: 基础、发展和应用. 北京: 清华大学出版社, 1987.

[43] 哈肯 H. 协同学引论. 徐锡申等, 译. 北京: 原子能出版社, 1984.

[44] 尼克利斯 G, 普利高津 I. 徐锡申等, 译. 非平衡系统的自组织. 北京: 科学出版社, 1986.

[45] 托姆 R. 赵松年等, 译. 结构稳定性与形态发生学. 成都: 四川教育出版社, 1992.

[46] 艾根 M, 舒斯特尔 P. 曾国平, 沈小峰, 译. 超循环论. 上海: 上海译文出版社, 1990.

[47] 维纳 N. 郝季仁, 译. 控制论. 北京: 科学出版社, 1963.

[48] Astrom K J, Kumar P R. Control: A perspective. Automatica, 2014, 50: 3–43.

[49] 霍兰 J H. 周晓牧, 韩晖, 译. 适应性造就复杂性. 上海: 上海科技教育出版社, 2000.

[50] 霍兰 J H. 张江, 译. 自然与人工系统中的适应: 理论分析及其在生物、控制和人工智能中的应用. 北京: 高等教育出版社, 2008.

[51] 钱学森, 于景元, 戴汝为. 一个科学新领域: 开放的复杂巨系统及其方法论. 自然杂志, 1990, 3.

[52] 于景元. 钱学森与系统科学. 系统与控制纵横, 2015, 2(1): 11–22.

[53] 周光召. 复杂适应系统和社会发展. 中国系统工程学会第 12 届学术年会会议材料. 车宏安整理. 2002 年 11 月, 昆明.

[54] 王宇, 林海昕, 丁松园等. 关于可控组装的一些思考 (一): 从催化到催组装. 中国科学: 化学, 2012, 42(4).

[55] 熊继宁, 系统法学导论. 北京: 知识产权出版社, 2006.

[56] 李德新, 刘燕池. 中医基础理论. 北京: 人民卫生出版社, 2011.

[57] 谢新才, 孙悦. 中医基础理论解析. 北京: 中国中医药出版社, 2015.

[58] 毛嘉陵. 走进中医. 北京: 中国中医药出版社, 2013.

[59] 张启明. 数理中医学导论. 北京: 中医古籍出版社, 2011.

[60] 契克森米哈赖 M. 杜明诚, 译. 创造力. 北京: 时报出版公司, 1999.

[61] 斯密 A. 国富论. 陈星, 译. 西安: 陕西师范大学出版社, 2006.

[62] 马克思 K. 资本论. 郭大力, 王亚南, 译. 北京: 人民出版社, 1975.

[63] 《马克思恩格斯全集》第二十卷. 北京：人民出版社, 1971.

[64] 胡锦涛. 在纪念党的十一届三中全会召开 30 周年大会上的讲话. 北京：人民出版社, 2008.

[65] 习近平. 谈治国理政. 北京：外文出版社, 2014.

[66] 许倬云. 说中国：一个不断变化的复杂共同体. 桂林：广西师范大学出版社, 2015.

[67] 金观涛. 历史的巨镜. 北京：法律出版社, 2015.

[68] 福山 F. 毛俊杰, 译. 政治秩序与政治衰败：从工业革命到民主全球化. 桂林：广西师范大学出版社, 2015.

[69] 本书编写组. 西式民主怎么了. 北京：学习出版社, 2014.

[70] 阿西莫格鲁 D, 罗宾逊 J A. 李增刚, 译. 国家为什么会失败. 长沙：湖南科学技术出版社, 2015.

[71] 哈伯德 G, 凯恩 T. 陈毅平, 译. 平衡：从古罗马到今日美国的大国兴衰. 北京：中信出版社, 2015.

[72] 庞德 R. 沈宗灵, 译. 通过法律的社会控制. 北京：商务出版社, 2013.

[73] 维纳 N. 陈步, 译. 人有人的用处. 北京：商务印书馆, 2014.

[74] 张文显. 法理学. 北京：法律出版社, 2013.

[75] 孟德斯鸠 C. 许明龙, 译. 论法的精神. 北京：商务印书馆, 2014.

[76] 戈尔 A. 陈嘉映等, 译. 濒临失衡的地球：生态与人类精神. 北京：中央编译出版社, 2012.

[77] Levin S. Fragile and Dominion: Complexity and the Commons. New York: Perseus Publishing, 1999.

[78] 钱学森, 许国志, 王寿云. 组织管理的技术 —— 系统工程. 文汇报, 1978.